CHINESE
ARCHITECTURE

极简中国木构建筑营造技术

喻维国　王鲁民　编著

清華大學出版社
北京

图书在版编目（CIP）数据

极简中国木构建筑营造技术 / 喻维国，王鲁民编著．—北京：清华大学出版社，2021.1（2023.4 重印）

ISBN 978-7-302-55438-7

Ⅰ．①极… Ⅱ．①喻… ②王… Ⅲ．①木结构－古建筑－研究－中国 Ⅳ．①TU-092

中国版本图书馆 CIP 数据核字（2020）第 082343 号

责任编辑：徐　颖
封面设计：吴丹娜
版式设计：谢晓翠
责任校对：王荣静
责任印制：杨　艳

出版发行：清华大学出版社
网　址：http://www.tup.com.cn，http://www.wqbook.com
地　址：北京清华大学学研大厦A座　　邮　编：100084
社总机：010-83470000　　邮　购：010-62786544
投稿与读者服务：010-62776969，c-service@tup.tsinghua.edu.cn
质量反馈：010-62772015，zhiliang@tup.tsinghua.edu.cn
印 装 者：小森印刷（北京）有限公司
经　销：全国新华书店
开　本：170mm×230mm　　印　张：11.25　　字　数：148千字
版　次：2021年1月第1版　　印　次：2023年4月第3次印刷
定　价：79.00 元

产品编号：068190-01

前言

中国古建筑是我们祖先留下的文化遗产的一部分，是重要的地面文物，它既是名胜古迹的重要组成部分，又是学习和继承建筑遗产的主要对象。在当今保护和维修古建筑的工作中，了解和探讨古建筑的形象和艺术的同时，对营造技术方面的了解，无疑是非常必要的。

在我国历史上，有关木构建筑营造技术方面的书曾多次出现过。首先要提到的是《考工记·匠人》。《考工记》是春秋战国之交齐人的著作，距今已有二千多年的历史，汉代时因为《周礼》缺少《冬官》，便把《考工记》补入，成为后世《周礼·冬官》的内容，所以人们又称之为《周礼·考工记》。《考工记》是一部涉及内容广泛的技术专著，其中《匠人》部分中的“匠人建国”“匠人营国”“匠人为沟血”三节，讲的是都城选址、都城规划以及农田水利建设方面的内容，其中“匠人营国，方九里，旁三门，国中九经九纬，经涂九轨，左祖右社，前朝后市，市朝一夫”句最为驰名，对后世的影响也最大。其他如“广与崇方，其■(shài)三分去一”（堤防宽与高相等，堤顶宽比堤脚宽减少三分之一），“墙厚三尺，崇三之”（墙厚三尺，则高九尺），“葺屋三分，瓦屋四分”（草屋顶屋檐至屋脊之高与跨度之比为1∶3，瓦屋顶为1∶4），是更为具体的营造技术内容。其次是北宋都料匠喻皓撰著的《木经》，该书刊行于北宋初年，三卷，已佚。但在北宋科学家沈括的《梦溪笔谈》中有片段的记述，说“凡屋有三分，自梁以上为上分，地以上为中分，阶为下分”，并分析了各部分间的比例关系，很为科学合理。我们这本书把木构建筑分为台基、屋身、屋顶三部分来写，就是受“屋有三分”的启示。继《木经》之后，北宋又出现了由朝廷制定的官书《营造法式》，该书编于熙宁年间（1066—1070），当时改革家王安石执政，编书的目的在于防止贪污和浪费。因其没能达到“关防”的要求，绍圣四年（1097）又令将作监李诫重新编修，这就是我们现在看到的《营造法式》，该书刊行于宋崇宁二年（1103），共三十六卷，内容丰富，有条不紊，并附有大量图版。书中所述的各作制度，使我们能更多地了解北宋的建筑技艺、艺术和建筑形象，是研究中国古代建筑营造技术非常重要的文献。元代时，薛景石编著了一部关于木工技艺的书《梓人遗制》，可惜原书已佚，仅散见于《永乐大典》。明代有一部名为《鲁班经》的建筑专书，《鲁班经》原名《鲁般营造正式》，六卷，刊行于明中叶，刻本藏宁波天一阁。后刻本有《鲁班经匠家镜》《工师雕镂正式鲁班经匠家镜》《工师雕斫正式鲁班经匠家镜》等，流传于江南一带，记录了建造房屋的规矩、制度、工序、选择吉日方法，常用建筑的构架形式以及布局、组合等。另外，明崇祯十年（1637）宋应星著的《天工开物》记述了我国古代农业手工业生产的技术经验，其中也记录了砖瓦的制作和生产。清工部《工程做法则例》是继宋《营造法式》后又一部官方颁布的建筑工程专书，刊于清雍正十二年（1734），全书七十四卷，列举了27种建筑形制，涉及土木、瓦石、油漆、裱糊等20多个工种，其内容可归纳为做法、用料、用工，可视为清代官式造作的通行规范。清乾隆年间李斗撰《扬州画舫录》，其中第十七卷为《工段营造录》，取材于清工部《工程做法则例》和《圆明园则例》，书中对定平、土作、大木作、拼料法则等均存记述。清代是中国封建社会的最后阶段，离现在最近，文字所述与现存实物基本一致，更便于实物与文献对照研究。

中国古代木构建筑营造技术的研究工作开始于近代。1919年，朱启钤先生在南京江南图书馆发现了宋《营造法式》，一时成为文化建筑界的大事，震动了海内外。1929年中国营造学社成立，以梁思成、刘敦桢为代表的中国学者开始用现代的科学技术和调查研究方法、手段，对中国古代建筑、古代典籍进行研究，除编辑出版了以古建筑调查报告为主的《中国营造学社汇刊》7卷23期，校勘重印了宋《营造法式》、明《园冶》《髹饰录》、清《一家言·居室器玩部》等外，1934年，梁思成的《清式营造则例》问世，成为研究中国古建筑的必读教材。1937年，姚承祖的《营造法原》脱稿，该书根据其祖传秘籍和他本人在苏州工业专科学校建筑科的讲稿编辑而成，印本经张至刚增编，刘敦桢校阅，是一部具有江南地方特点的古建筑专著。1957年，刘致平的《中国建筑类型及结构》出版，该书着力论述了古代建筑的构造和施工技术，全面介绍了古建筑名作名称、历史演变、时代特征、使用功能和构造特点。1981年，陈明达先生出版了《〈营造法式〉大木作研究》。梁思成先生自20世纪30年代起就开始对宋《营造法式》进行研究，至1983年出版了《〈营造法式〉注释（卷上）》。1985年，中国科学院自然科学史研究所出版了巨册《中国古代建筑技术史》。此外，不少专家学者对古代建筑进行了大量的专题研究，有的则结合古建筑的保护和维修写出了专著，这一切都有助于我们对中国古代木构建筑的营造技术有一个比较全面的认识。

摆在读者面前的这本小书，正是在前人工作的基础上写成的，它以较为简约的方式论述中国古代木构建筑的营造，仅供从事于或有志从事于这方面工作的朋友们参考，如果它能对中国古代建筑的鉴赏、保护和维修起些许作用，作者的目的也就算达到了。

目录

第一章　绪论

第一节
中国古典建筑的结构类型

中国位于亚洲东部，是一个具有五千年文明史的伟大国家。由于她所处的独特的地理位置——西有大漠，东临大海，受当时的交通条件所限，在漫长的历史进程中，华夏文化未曾受到其他文化的严重挑战，几千年中，绵延一贯地发展嬗变。可是，华夏文化不是与世隔绝的，通过丝绸之路和海上的交通，她不断地吸取外来文化的营养，丰富和壮大着自己，使自身呈现出多彩多姿的局面。正是因为如此，华夏文化在一个相当广泛的地域内一直处于主导地位，影响到日本、朝鲜，乃至东南亚各国文化的发展。在相对独立的生存和发展中，作为中国古典文化的有机组成部分的建筑文化，形成了迥然不同于西方建筑文化的独特体系，在建筑观念、材料的选择和加工、结构、构造乃至建筑形象的处理诸方面，独立自足，成为世界建筑文化之林中的一朵奇葩。

中国国土广袤，地形多变，从东到西，自南往北，都绵延数千公里，各地的自然资源条件和气候条件互有差异。在这个广阔的版图上，繁衍栖居着五十多个民族，各民族的文化各具特色，即便同是汉族，由于其居处的整体环境的不同，也形成了一系列有诸多差别的亚文化圈。可以想象，作为协调人与自然之间和人与人之间关系的工具的建筑，自然会各具特色，丰富多彩。

单从建筑体系来看，中国古代建筑便可大致分为下列几种：

1）构架体系：是指以天然杆件，如竹、木等为构架，承担建筑的上部荷载，依附于这个构架的墙体等仅起围护分割作用。我国古代最大量的房屋建筑，是由这种结构体系造成的。

2）砌筑体系：是指用土、土坯、石料等砌筑成柱、墙、拱券等，以承担上部荷载，形成人们所企望的建筑空间。这里，承重结构和围护部分融为一体。中国古代的墓葬、佛塔、桥梁等，大多使用砌筑体系。除去广东、福建一带的土楼采用生土夯筑之外，在其他汉族地区很少采用砌筑体系建造房屋。但在藏族人民居住的地区，则广泛地使用石材来修建房屋。

3）开挖体系：是指在土或石上开挖出建筑空间。开挖土石以取得建筑空间的方法，在我国同样有着悠久的历史，我国西北的窑洞和著名的石窟工程，都属于开挖体系。

4）张拉体系：以绳索作为结构系统中的承重部分，其上覆以毡、布、皮等来造成人们的住所。游牧民族所使用的帐篷，西南、西北地区常常可以看到的索桥，可以算作张拉体系的范例。

虽然中国古代建筑有以上四种体系，但是，在中国古代文化中占主导地位的汉民族以及许多少数民族所建造的房屋，主要使用的是构架体系，构架体系使用的建筑材料主要是木材，我们通常称之为木构建筑体系或木构建筑。可以说，木构建筑体系是中国古代建筑营造活动中占主导地位的建筑体系。

木构建筑按其结构特点，又可分为抬梁式和穿斗式两大类。所谓抬梁式，其主要特征为：用柱子来承担梁架，在各层梁的端头放置檩条以承担椽子，上面再铺望板、苫背和瓦，从而形成房屋。而穿斗式结构则是在柱子和柱子之间使用称为“穿”的木条，将其联成房屋的基本单位——“架”，在柱头上直接放置檩条，檩条上安椽子、望板或竹篾，最后铺瓦（图 1-1）。

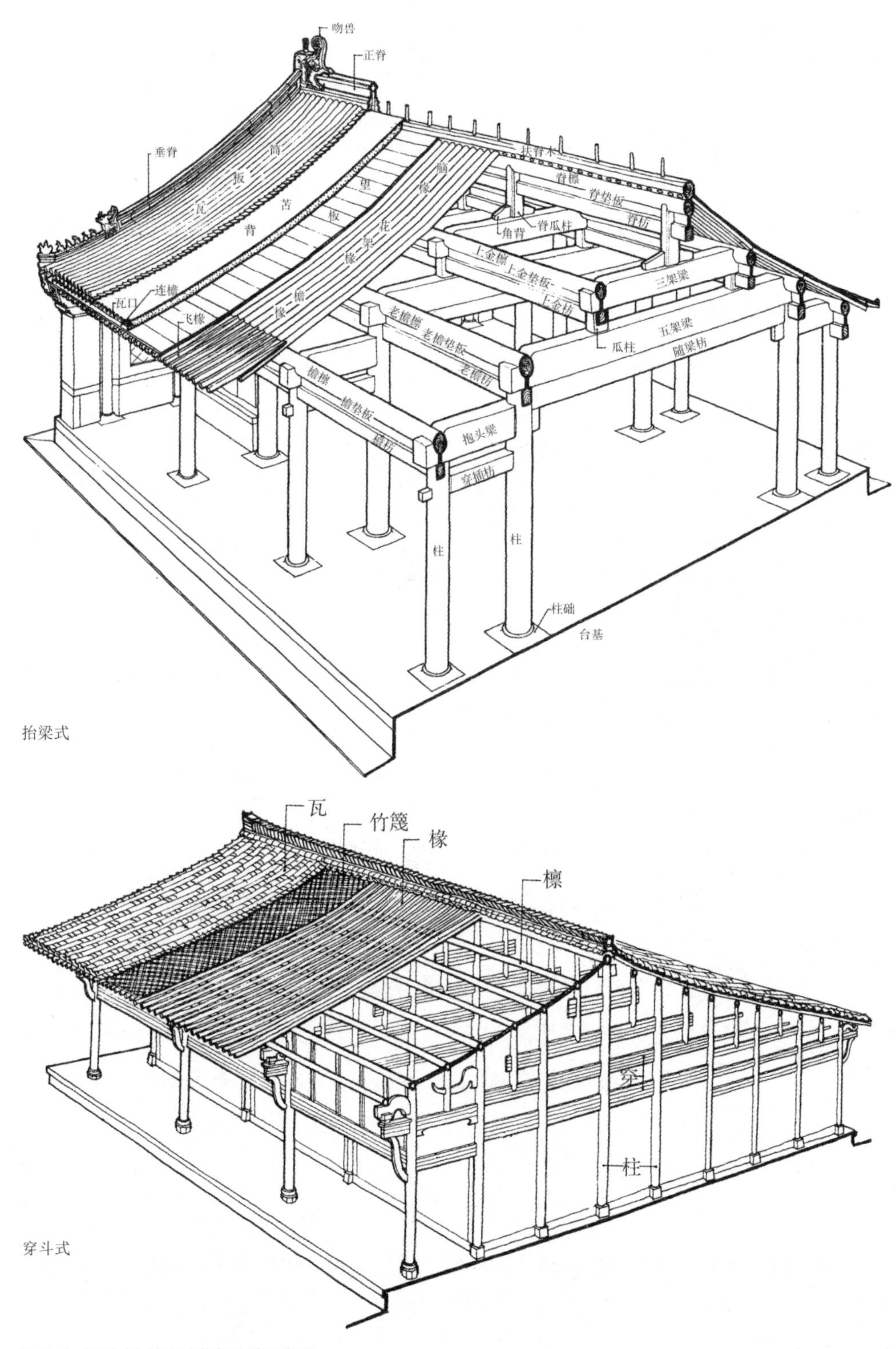

图 1-1　抬梁式与穿斗式构架构造示意图

在这两种结构方式中，抬梁式在黄河和长江的中、下游广大地区得到了广泛使用，是中华民族高级文化所采用的结构方式，是中国古典建筑形式的代表形态。人们提起中国古典建筑，往往首先想到的是用抬梁式成就的木构建筑。基于中国人对建筑的独特认识和独特的建筑价值取向，并且受制于官营手工业的技术传承特点，人们在高级文化所采用的建筑中发展出一整套独特的营造方法和营造方式。可以这样说，中国古典建筑的一系列特征的发生和发展都主要地与抬梁式有关，有些特点甚至是在抬梁式中形成，转而影响其他的结构方式，从而成为中国古典建筑的一般特征的。特别是作为中国古典建筑标志的斗栱，更是与抬梁式结构密不可分。所以，讨论中国古典木构的做法，关键在于讨论抬梁式木构的做法。从学习的角度看，由于抬梁式结构采取了一系列特殊构件和构造方式，其形式远比穿斗式复杂，掌握了抬梁结构的做法，就能举一反三，很方便地掌握穿斗式的做法，故此，本书将主要的精力放在抬梁式结构方式的介绍上。

第二节
中国古代木构的特点

在中国古典建筑的长期发展历程中，木构构架体系的潜在特点得到了多方面的独特发挥，从而形成了一系列中国古典木构建筑所特有的优点，正是由于这些优点的存在，木构建筑才有可能数千年中在中华大地上巍然屹立，得到广泛的应用。中国古典木构体系的优点概括说来，有下列几个方面。

1）承重结构与围护部分分工明确：中国古典木构架与现代框架结构有异曲同工之妙，平面上都是用柱子形成矩形或方形的柱网，在柱与柱之间，可按照使用要求布置墙体或安装门窗、隔扇、板壁等，由于墙体不承担屋顶和楼面的重量，使得围护结构的形式和布置方式都具有很大的灵活性。这种结构方式还使得建筑便于适应不同的气候条件；在不同的气候条件下，只需在房屋的高度、墙壁与屋面材料的性质和厚薄、门窗的位置与大小等方面加以变化，便能在相当广泛的地域内使用。

2）具有减少地震灾害的可能性：中国木构体系建筑各节点都是采用榫卯联结，由于榫接的节点不可能完全密实，加上木材本身也有一定的弹性，使得建筑的各节点都有一定伸缩余地，这样的木构建筑在抵抗水平推力方面具有一定的优越性，使其能在一定范围内减少地震对建筑造成的破坏。

3）采取某种程度的预制装配，便于在短期内完成大规模的营造：木材加工起来比较方便，相对于石构件而言，木构件在运输过程中受损的可能性较小，这就有利于一定程度的预制装配的实现。正是因为如此，中国很早就产生了营造模数制度，在建造中实行了一定程度的预制装配，这样，就有可能使用更多的工匠同时对一幢建筑开展工作，减少了施工现场的空中工作量，从而大大地提高了建筑的营造速度。

当然，木材也有它固有的弱点，如怕火、怕腐蚀、怕虫蠹等，这些也是中国古代建筑保存下来的数量较少的部分原因。

第三节
材分°制和斗口制

在中国古典木构建筑中，广泛地使用着斗栱这一构件。从结构的角度看，所谓斗栱，就是使用一系列的方木形成一个复杂的节点，这个节点，主要地承担梁柱之间的交结工作，改善柱头的受力状况，同时在加大建筑的出檐上扮演重要角色。另外，斗栱所处的位置决定了它成为建筑立面上重要修饰部分，以至于它成了确定建筑等级的重要标志。

在长期的发展演化中，斗栱由简单的“节”或“枅”衍化出一系列复杂的形态，最高规格的斗栱可以由八层相叠的方木构成，除去栌斗，每一层又是由数个长方形的栱木和方形的斗构成，早期斗栱中，还有使用贯穿数层叠木的斜置构件“昂”的，这就使得整个斗栱的构造极为复杂，制作也很繁难。为了提高制作斗栱的劳动效率，减少施工现场的空中作业，也为了提高斗栱各分件的制作精度，有效地控制斗栱的总体尺寸，使其最终能够和建筑的其他部分协调，加大制作过程中的分工程度，每一种工匠仅对某一种或某几种构件的制作负责就成为势在必行的了。工匠们以在高级建筑中使用最多的构件之一——“栱”——的断面作为衡量建筑的基本单位，从而简化建筑设计中的计算过程，并且便于工匠记忆各个构件的尺寸，有利于营造时分工合作，提高工作效率。这种以建筑某一构件的尺寸作为基本单位来衡量和控制建筑设计与建筑营造的办法，便是值得我们引以为豪的古典模数制。

对于宋式建筑来说，这种模数制便是所谓的材分（分°）制。《营造法式》“卷四大木作制度”第一条，开宗明义地说：“凡构屋之制，皆以材为祖，材有八等，度屋之大小，因而用之。”这句话清楚地表明了材分制在决定和衡量建筑尺寸上的重要地位。《营造法式》中对八个等级的材的尺寸和应用范围作了详细的规定。

所谓材，并不是一个决定尺寸，而是一个比例单位，只有确定了材的等级，材的尺寸才是具体的。材是将一个高宽比为3∶2的矩形作为标准方料的截面，把它的高（宋时称为“广”）分成15等份，把它的宽（宋时称为“厚”）分成10等份，每一份现在写为1分°。第一等材，高9寸，宽6寸，使用在九至十一间的殿堂上。第二等材，高8寸2分5厘，宽5寸5分，使用在五至七间的殿堂上。第三等材，高7寸5分，宽5寸，使用在三至五间的殿堂上或者七间的厅堂上。第四等材，高7寸2分，宽4寸8分，使用在三间的殿堂上或者五间的厅堂上。第五等材，高6寸6分，宽4寸4分，使用在殿小三间或厅堂大三间上[1]。第六等材，

1. 以心间为准，殿堂间广375分°为大三间，间广300分°为小三间，厅堂心间广300分°为大三间，间广250分°为三小间。何谓“心间”，何谓“间广”，何谓“殿堂”“厅堂”，详见后述。

高 6 寸，宽 4 寸，用在亭榭或小厅堂上。第七等材，高 5 寸 2 分 5 厘，宽 3 寸 5 分，小殿[1]及亭榭上使用。第八等材，高 4 寸 5 分，宽 3 寸，使用在殿内的藻井或使用斗栱的小亭榭上。

另外，还有一个称为“栔”（zhì）的补充尺寸，栔也是一个高宽比为3∶2的矩形，其高和宽均为同等材的 2/5，也就是高为 6 分°，宽为 4 分°。高 15 分° 和宽 10 分° 的材称为单材，一材加一栔称为足材。大到房屋的规模，小至局部构件的尺寸，都用“材”和“栔”的倍数来规定，这就保证了主要构件断面的高宽比都是 3∶2，这种比例的断面，在力学上是相当合理的。在营造时，我们只要确定了房屋的形式和规模，就可以按照规定来选择材等，定下了材等，便可以按照需要和规定确定建筑总体乃至各个构件的具体尺寸（图 1-2）。

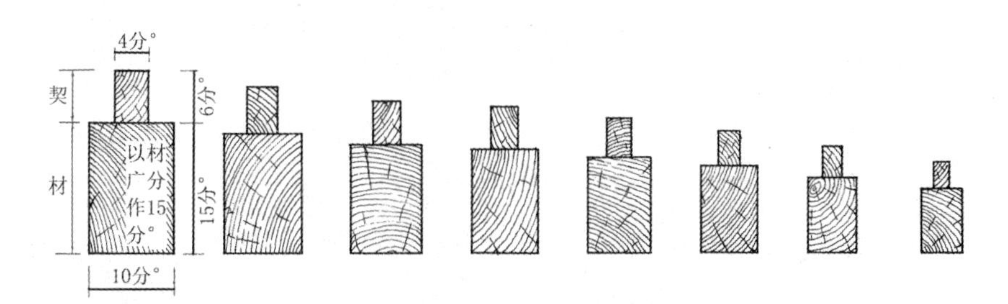

图 1-2　八等材栔表

值得一提的是，宋《营造法式》所规定的八个材等之间的尺寸差距并不是均匀的。为什么要这样呢？有人认为这种安排方式是依据力学性能确定的，经过核实，材等在尺寸上的差别虽不均匀，但在受力性能上是均匀递减的。也有人认为三到六等材是最为常用的材等，按宋《营造法式》要求，主体建筑和附属建筑用材应差一等，采用不均匀的递减方式，有利于建筑本身各部尺寸以及建筑之间在尺寸和比例上的协调。第三种看法则认为这种规定与音律中的半音阶有关。

---

1. 小厅堂、小殿都是园囿中的小型建筑，所以用材最小（六至八等）。它们的结构和屋盖形式等既可同于殿堂，也可同于厅堂。

清代以斗口为模数单位，在斗口制中，也许是为了计算的方便，斗口间的差距就改成均匀的了。

按照清工部《工程做法则例》，对于使用斗栱的建筑构件的绝大部分可以用斗口来衡量。所谓斗口，是指平身科斗栱坐斗上为了安翘或昂所开之口的横向尺寸。由于斗口里皮的间距原则上可以视为翘头（宋称华栱）或横栱的宽度，所以清代的斗口制与宋代的材分制之间有着明确的渊源关系。这种规定上的改变，是清代的斗栱制作较宋代简化了并且更加定型化了的结果。

清代的斗口分为11个等级。一等斗口，高8寸5分，宽6寸；二等斗口，高7寸7分，宽5寸5分；三等斗口，高7寸，宽5寸；以上三种斗口，未见实例。四等斗口，高6寸3分，宽4寸5分，使用在城楼上。五等斗口，高5寸6分，宽4寸；六等斗口，高4寸9分，宽3寸5分，用在大殿上。七等斗口，高4寸2分，宽3寸，用于小建筑。八等斗口，高3寸5分，宽2寸5分；九等斗口，高2寸8分，宽2寸；用于垂花门、亭子等。十等斗口，高2寸1分，宽1寸5分；十一等斗口，高1寸4分，宽1寸；用于藻井和装修之上。清工部《工程做法则例》中的栱，方断面的高宽比有14:10和20:10两种，这种比例，接近于宋《营造法式》中的单材与足材的高宽比例，但在斗口模数制中，很多重要构件的断面形式已不再保持约为3:2的高宽比。如按清工部《工程做法则例》，七架梁的断面高宽比为6:5，这与宋《营造法式》所规定的所有梁的断面高宽比均为3:2相比，显得过于肥胖。单从构件的力学性能来看，这不能不说是一项损失。

第四节
中国古典建筑群体组合方式

与西方建筑不同，中国古典建筑不倾向于将满足各种需要的房间组织在一幢建筑里，而是根据实际需要，用许多幢功能单纯的建筑组合在一起，在平面上展开，从而形成一个有秩序的建筑群体。

中国古典建筑群的一般组织原则是，用三四幢建筑围成一个方形或矩形的庭院，三面有房屋的称三合院，四面有房屋的称四合院。在这样一组建筑中，以轴线上的正房为主，正房两边的建筑在规模上和装饰上，规格一般都要低于正房。正房的间数一般采用奇数，在三到十一之间变化。

需要安排大量房屋的建筑群，主要是向纵深发展——用数个三合院或四合院沿轴线串联布置。建筑群体中每一个院落称为一“进”，规格高的建筑群，可多达九进。有人把中国古典建筑比作中国画中的长卷，是很有道理的。如果按一条轴线布置建筑不能满足要求，则可以与这条轴线平行，再布置一个或几个建筑群，这样的一个建筑群，称为一“路”。在路与路之间，往往要安排夹道和侧面以解决交通和防火问题。一般中间一路是最隆重的建筑所在，在一路建筑中，则往往在中间一进或中间前面一进中安排最高等级的建筑，以形成建筑群的高潮。

当然，还有用其他的办法来组织建筑群的（图 1-3）。

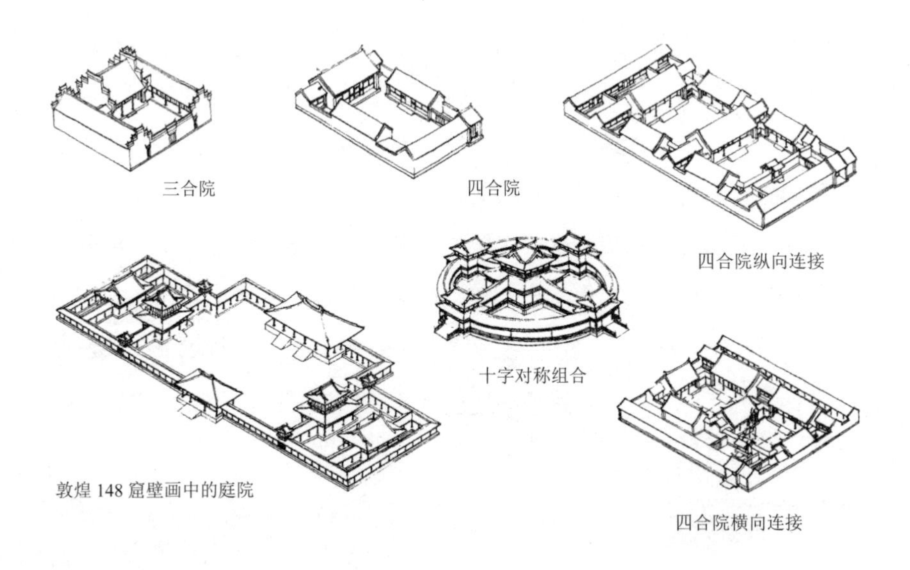

图 1-3 中国古典建筑群体组合方式举例

第五节
宋《营造法式》和清工部《工程做法则例》

宋代以前的木构建筑现在能看到的为数不多，有关这些建筑设计与建造的具体方式的记述则更为缺乏，加上这些建筑分布的范围相当广泛，考虑到地域间技术传承的差异，即使这些遗构规模相近，结构相似，也很难准确地推断出其营造所依据的基本法则。幸亏我们的先人写下了《营造法式》这样一本书，使我们有可能解开这方面的疑团。当然由于文字上的隔膜和《营造法式》本身体例的限制，再加上我们对古代木构营造知识的缺乏，我们还未能完全读懂这部极为重要的著作，不过通过老一辈专家学者的努力，我们现在已经大致把握了这部书的轮廓。

《营造法式》刊行于北宋崇宁二年（1103），是宋哲宗、徽宗朝的将作监李诫（字明仲）所编修。关于书的内容，著者于卷首《总诸作看详》中说："总三十六卷，计三百五十七篇，共三千五百五十五条。内四十九篇，二百八十三条，系于经史等群书中检寻考究，至或制度与经传相合，或一物而数名各异，已于前项逐门看详立文外。其三百八篇，三千二百七十二条，系自来工作相传，并是经久可以行用之法。"可见《营造法式》在某种程度上总结了前代的营造方法，对于我们了解北宋乃至之前的木构建筑具有重要意义。

《营造法式》包括制度、工限、料例、图样四大部分。每一部分又分为壕寨、石作、大木作、小木作、雕作、旋作、锯作、竹作、瓦作、泥作、彩画作、砖作、窑作等十三个工种。制度包含着建筑及结构设计规范、施工方法、工序和砖瓦、琉璃等建筑材料制造方法；工限是劳动定额；料例是材料定额及灰浆、颜料、琉璃料配合成分比例；图样是制度的形象说明。

这部书虽然称为《营造法式》，但它却并非专为具体的设计和营造而撰写的。编修它的主要目的，是为了掌握和控制营造中的材料和人力的耗费，我们大致可以说它是一部建筑的定额指标。为了更好地杜绝营造中的偷工减料和营造舞弊，并且能够在变化的情况下合理地控制营造消耗，书中用了大量的篇幅叙述了各种构件的制作方法和尺寸要求，并且扼要地介绍了各种构件间的关系，正是如此，使它对于我们具有了建筑术书的意义。但因为《营造法式》不是为了设计和制作而撰写的，所以如果把它当作一本建筑术书来看时，不免觉得其体例不够完善。比如说，对于建筑设计十分重要的面阔和进深尺寸的确定方法，在书中就没有直接交代；再如，怎样确定柱子的高度，书中也未能讲述明白。尽管如此，《营造法式》仍不失为我们了解古代建筑设计和营造的重要根据。

与《营造法式》的撰写目的相似，清雍正十二年（1734），清王朝为了控制建筑营造的工料消耗，“以慎钱粮事”[1]，颁布了工部《工程做法则例》。作为在全国范围内施行的建筑法规，它对中国古典木构建筑的晚期风格的形成，产生了极大的影响。清工部《工程做法则例》不仅是清代有关营造影响最大的著作，而且是中国古代建筑史上最为重要的著作之一。它与宋《营造法式》交相辉映，是我们研究中国古典建筑形式、建筑风格和具体做法的钥匙。

清工部《工程做法则例》，全书共七十四卷，包括四个主要部分。第一部分从卷一到卷二十七，用长篇文字和少量附图详尽地说明了27种建筑的样式、构件的尺寸以及确定这些尺寸的基本原则，这部分实际上是用文字详细描述了27个典型设计，它是以后整个工料计算部分的基础。第二部分从卷二十八到卷四十，叙述了斗栱的做法，《工程做法则例》详细规定了以斗口为基础的斗栱各部尺寸、斗口尺寸的变化、各种斗口尺寸的斗栱应用范围以及各种斗栱的具体做法，提出了以斗口作为有斗栱建筑的基本衡量单位的概念。第三部分从卷四十一到卷四十七，规定了确定各项装修、石作、瓦作、发券、土作尺寸的原则。从卷四十八到卷七十四，是第四部分，它叙述各项用料、各工种劳动力的计算和定额。

1.［清］清工部. 工程做法则例.

鉴于宋《营造法式》和清工部《工程做法则例》的历史地位和作用，本书叙述的木构建筑技术主要以这两部书为依据。

第六节
殿堂、厅堂、大式、小式、大木作和小木作

《营造法式》中提到两种不同的建筑结构方式，一种称为殿堂式，一种称为厅堂式，殿堂式结构在等级上高于厅堂式结构（图 1-4）。

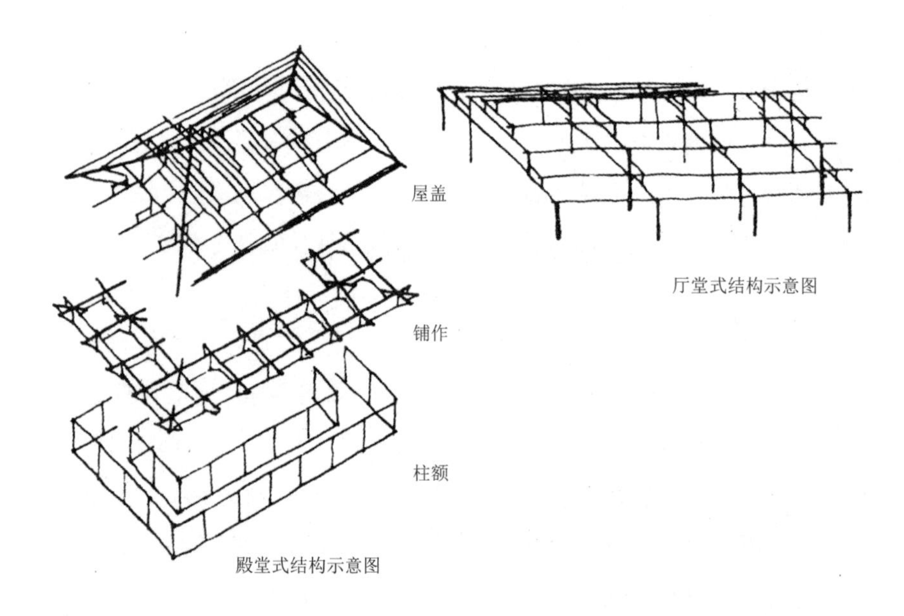

图 1-4　殿堂式结构和厅堂式结构

殿堂可以使用最大的材等，建造最高等级的房屋或多层楼阁，并且多用副阶形成重檐。建筑的间广为 250 ～ 375 分°，当心间间广可大至 450 分°。椽子的水平投影长度（椽平长）可用 125 ～ 150 分°。可以使用五至八铺作斗栱，补间铺作可以用两朵。屋内一般要用平棊或平闇，

还可以加用藻井。屋顶形式多采用四阿顶或九脊造。

厅堂最大只能用三等材，外檐铺作最大为六铺作，身内斗栱限于斗口跳和把头绞项作。间广为200～300分°，椽子的水平投影长度（椽平长）100～150分°，不用补间铺作或只用一朵补间铺作，室内不用吊顶或仅用平闇，屋顶用厦两头（歇山）或不厦两头（悬山）造，很少使用副阶。

从结构形式来看，殿堂结构按水平方向分层构造，单层房屋可分为三个结构层，下面为柱额层，其上是铺作层，再上是屋架层。如果是多层楼阁，即在铺作层上叠施平座及上层的柱额层和铺作层，按照楼层的多少，层叠至最上层铺作层上用屋架。建筑柱子的平面安排有双槽、金厢斗底槽、单槽、分心槽等形式。柱头用阑额、由额相互联络。殿堂结构形式从施工程序上看，整座房屋只能按水平方向分层制作安装。厅堂结构形式以横向的梁柱构造为主体，檐柱头上用铺作承栿首，栿尾插入内柱。内柱高于檐柱，以“举势定其短长”[1]。每一个由梁柱构成的间架，在结构上可以视为相对独立的，每两个间架之间，在梁头部位用 榑、襻间、顺脊串；在屋内柱头及柱身间用屋内额、顺身串相互联系。单体建筑的间数多少，是由使用需要决定的。《营造法式》提供了十九种梁柱组合方式，可能这些组合方式在当时是较常使用的。同一房屋的椽平长应是相同的，所以只要椽数相同，就可以采用不同的梁柱组合来构成矩形平面的建筑。

不论殿堂还是厅堂，都是使用斗栱的建筑，《营造法式》中还提到了一种不使用斗栱的建筑——余屋，它的等级又低于厅堂。

清代使用斗栱的建筑称为大式，不用斗栱的建筑称为小式。使用斗栱的建筑中不再有殿堂结构和厅堂结构的区别，大式建筑结构可以视为宋代殿堂结构和厅堂结构相结合的产物，一般不采用水平分层的结构方

---

1. [宋] 李诫. 营造法式.

式，但在那些等级特别高的建筑上，如故宫的太和殿上，还可以看到水平分层做法的流风余韵。大式建筑中等级的差别主要靠建筑规模、斗栱形制、屋顶式样、建筑色彩及彩画的格式、台基的样式等等来表明。小式建筑大致相当于宋代的余屋。

另外，我们还可以将建筑的木构制作分为两个部分：一为起骨干作用的，如柱、梁、枋、檩、椽等，它们一般不需精雕细刻，按当时的称呼为“大木作”；另外一部分如门、窗、隔断等，尺寸较小，加工细密，当时称为“小木作”或“装修”。

第二章　台基的做法

第一节
概　述

中国木构建筑从单体构成来看，一般都由三个部分组成，这三个部分从下向上依次为台基、屋身、屋顶（图 2-1）。

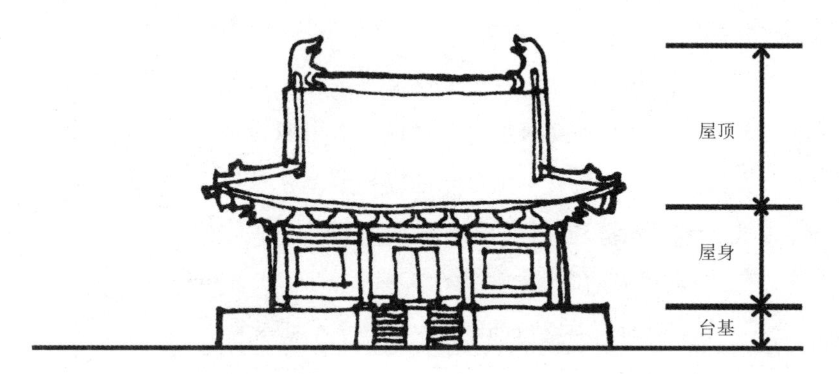

图 2–1　台基、屋身、屋顶的划分

台基从其自身来看，还可以将其分为基身、台阶、栏杆等部分。基身、台阶、栏杆形式的变化和它们不同的组合方式，可以形成各种不同的台基，以服务于不同的营造目的。

基身的实际功能主要有二。一是防潮隔湿。高于室外地坪的基身，其主要部分是用层层夯土或夯土层与碎砖瓦石块交互重叠夯筑而成，这种做法可以有效地阻止地下水分的上升。基身与室外地坪间的高差减少了地面水侵入室内的可能性，从而保证建筑的室内有一个较为干燥的环境，以适于人们的居住和使用。二是起承重作用。用上述方式筑成的基身实际上是一个庞大的块状基础，它较原来的自然地坪有着较好的力学性能，可以更好地承担上部的重荷，防止不均匀沉降的发生。

由于基身与原地坪之间有一高差，为了解决上下交通问题，就要有台阶的设置。栏杆的使用则可以防止建筑使用者的跌落，保证他们的安全。

新石器时代的穴居或半穴居建筑，当然没有台基可言，当时人们将室内部分地面夯实后烧烤，形成一定范围的烧结面，或者在地面上铺上一层石灰质的面层来达到防潮避湿的要求。早期为了更好地承受上面的重量，人们在埋置柱子的柱洞里填放扁平的砾石作为柱础，在建筑墙体的位置，掘出沟槽，在里面放置红烧土碎块或者砾石。这样造成的建筑，如果遇到地面水泛滥，就难以应付了。于是人们发明了台基。可以认为，台基最初是为了抵御洪涝，改善室内的物理条件而设置的。由于台基的建造在生产力低下的时代是一件工程量很大和技术要求复杂的工作，所以有无台基和台基的高矮很自然地成了人们身份地位的标志，统治阶级为了显示自己的权势，尽可能地发掘台基在建筑造型上的意义。《周礼·考工记》在提到商代的礼制建筑时说：“殷人重屋。堂修七寻，堂崇三尺。”而周人的明堂，则是“堂崇一筵”。“堂”就是台基，“一筵”等于九尺，这种台基高度的变化显示出人们对台基造型意义的重视，使用九尺高的台基，所考虑的当然不仅是防潮隔湿的作用。

《礼记》说的“天子之堂九尺，诸侯七尺，大夫五尺，士三尺”正是这种规定，在“礼崩乐坏”的春秋战国时代，它成了刺激人们任意提高台基的因素。在这个历史时期里，建造高台建筑的风气盛行，考古发掘表明，当时许多诸侯的宫殿中都有大量的高台建筑。在咸阳市东郊发掘出的秦咸阳宫殿遗址，其台基高度达到六米，约为当时的二十六尺。

台基达到一定的高度，在台基周围安置栏杆以确保安全就成为必要的，正是由此，栏杆的使用在一开始就有着特殊的意义。

随着秦朝统一大帝国的建立，营造高台建筑的风气逐渐衰落了。人们开始主要地通过台基的形式来区别台基的等级。早期的台基可能只是一个简单的立方体，对于那些高度较大的台基，基身则自地面开始逐渐收缩，形成一个棱台。为了台基的坚固耐用，人们在夯土台基的四周和上面安排砖石面层。这些砖石面层的形式，起初是较为简单的。六朝以来，受到佛教艺术的影响，一些高等级建筑的台基开始采用“须弥座”形式。开始时，须弥座的样式比较简单，如很多唐代的须弥座仅是用砖石层层收进或支出以形成线脚，没有“莲瓣”“枭混”或曲线。五代以后，各种复杂的线脚和图饰逐渐流行，宋代便达到了十分成熟的地步，台基上除了线饰之外，还在束腰部分用小立柱分割，内镶“壸（kǔn）门”。后世的须弥座又在此基础上产生了许多变化（图 2-2）。

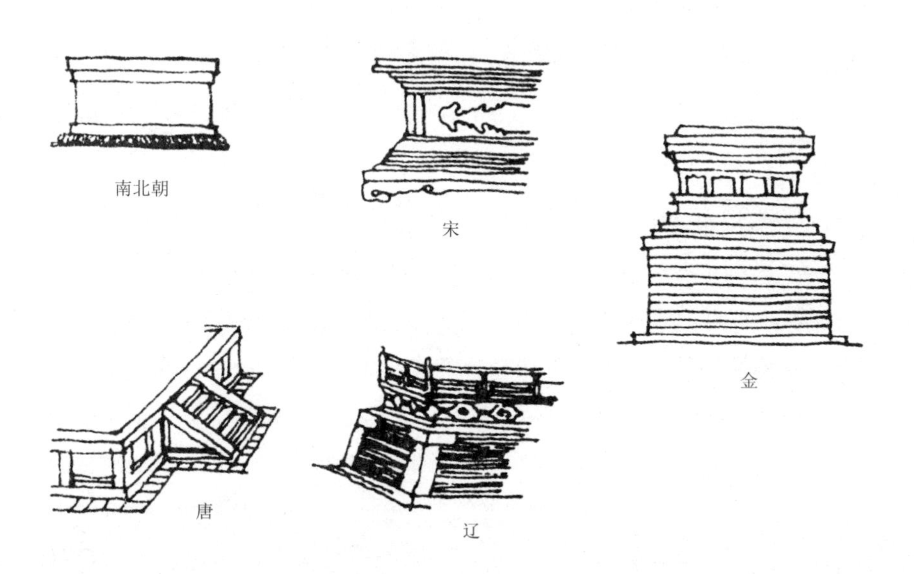

图 2-2　几种须弥座样式

第二节
基身的做法

中国木构的台基大致可以分为两种，一是普通台基，一是须弥座台基。前者大量使用于等级较低的一般建筑，尺寸较小；后者则多用于高等级的殿堂，尺寸较大。这两种台基基身内部的处理方法基本相同。

在选定了建造房屋的位置后，要确定建筑的方位，以保证其有合适的朝向，宋《营造法式》称这项工作为“取正”。然后就是开挖土层，按宋《营造法式》，开挖土层的深度，取决于地基土质的情况。若土质松，挖得就深；在土质密实的地方，开挖四五尺也就够了；对于那些地质条件特殊的地段，如临水之处，地基的开挖要给予特殊的考虑，必要时还要在基础下打桩，即古称“打地丁”。开挖后的地基面要保证水平，以使最后形成的基身各部分是匀质的，减少不均匀沉降的可能性。确定水平后，在地基上铺碎砖瓦或石子，夯实后在安柱的位置砌置石墩（称柱墩），柱墩间用砖或石砌墙联络，形成一个相互联系的基础骨架。在柱墩上面安放柱础，柱础用石料制成，其平面为边长相当于两倍柱径的正方形。如果柱础边长不超过 1 尺 4 寸，其厚为边长的 80%；如边长在 3 尺以上的，柱础厚为边长的一半；柱础平面边长超过 4 尺的，其厚则取 3 尺。柱础的式样很多，有素覆盆的，有素覆盆带櫍样式的，有櫍形柱础，有覆盆浮雕柱础，等等（图 2-3）。覆盆式柱础可以视为最基本的样式，其高为柱础边长的 1/10，盆唇为覆盆的 1/10，如果做成仰覆莲花样，则需再加上一个覆盆高度（图 2-4）。再就是要在石墙间填上碎砖石和土，具体方法是，先铺土厚半尺，将其夯至 3 寸，然后铺碎砖石 3 寸，夯实至 1 寸半，按此规则，交互铺放土石，最后形成一个坚实的块状基础。《营造法式》规定，一般建筑的台基高出地面五材，如果建筑规模较大时，可以按照具体的造型要求，在五材的基础上加 5 ~ 10 分°，一般来说台基高出地面不超过六材。当然，对于那些有特殊要求的建筑，则应给予特殊的处理。

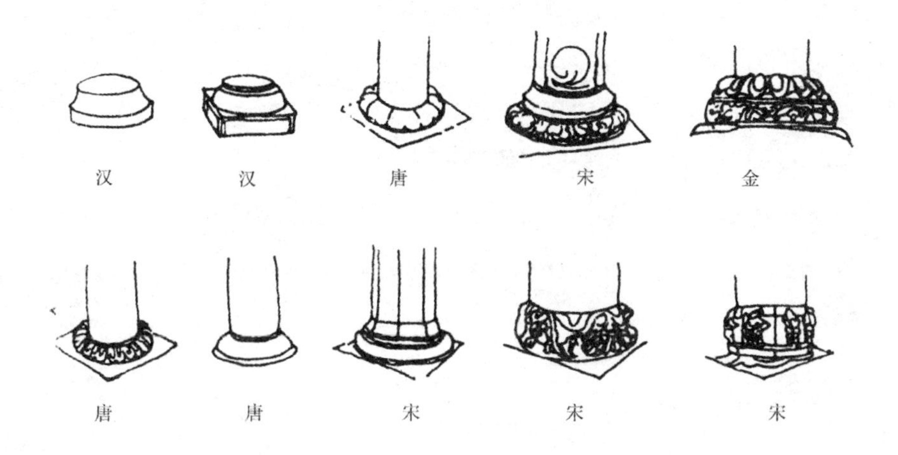

图 2-3　各种形式的柱础

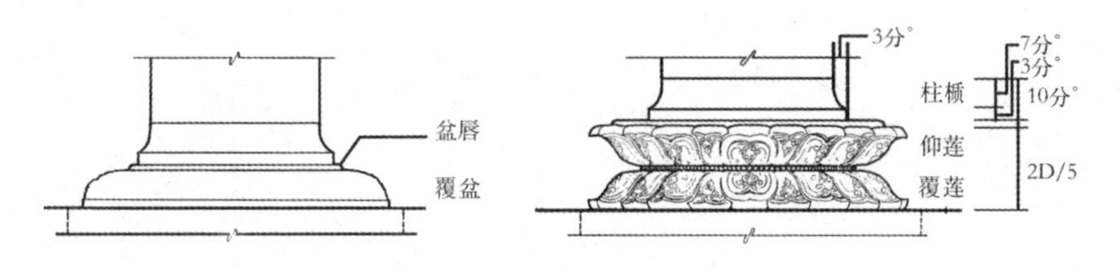

图 2-4　覆盆柱础和仰覆莲花样柱础
（注：D为柱直径。）

清式木构建造台基的第一步也是土方工程。首先按照建筑的面阔和进深开挖沟槽，沟槽从上部的柱中线开始，向外开挖 3 尺，向内开挖 2 尺，共宽 5 尺，沟槽的深为 1 尺到 1 尺 2 寸。槽内填满灰土，灰土夯实后厚 5 寸，也可以填黄土，夯实后厚为 7 寸。然后用砖或石在柱子的分位砌制磉墩，磉墩间砌拦土墙。在拦土墙之间填土和碎石，层层夯实。单个的磉墩平面为正方形，比柱顶石每边大出 2 寸，磉墩的高为槽深加上台基高出地面的尺寸（台明高）再减去柱顶石的厚度。有廊的建筑可将檐柱磉墩与金柱磉墩连在一起，称连二磉墩，其宽为金柱柱顶石的宽加 4 寸，长为廊深加半个金柱磉墩和半个檐柱磉墩，高同单磉墩。在廊子的转角处还有连四磉墩，其高同单磉墩，平面为正方形，边长等于连二磉墩的长。檐柱分位下的拦土墙的宽度为磉墩边长与柱径之和的一半再加 3 寸。金柱分位下的拦土墙宽为柱径加 6 寸。拦土墙的高度与磉墩相同。磉墩上放柱顶石，柱顶石平面为边长等于两倍柱径的正方形，厚为一个柱径。柱顶石上部做成古镜式，古镜高出室内地坪，高为柱径的 1/5（图 2-5）。

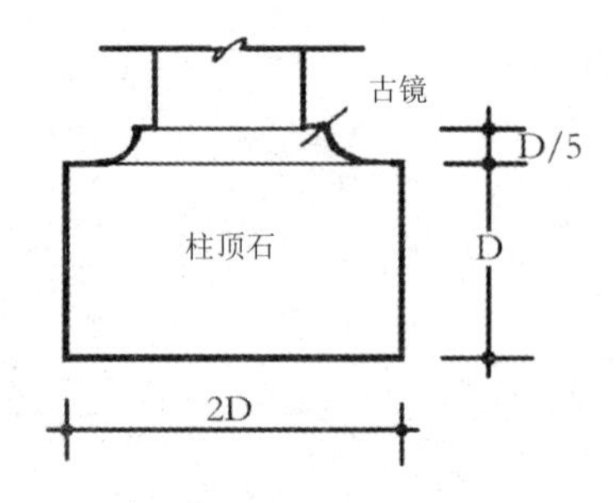

图 2-5　古镜式柱础
（注：D 为柱直径。）

清式台基上皮与室外地坪的高差称台明高，大式建筑台明高为地面至要头下皮的 1/4，小式建筑台明高为柱高的 1/5 或檐柱径的 2 倍。

基身内部结构完成后，就要在其外包砌砖石。台基等级的差别，主要体现在外包砖石的形式上。

宋代普通台基一般的做法是，在基身的四个角上立角柱，角柱上安角石，沿台基的四边放置压阑石。角柱的高度为台基高度减去角石厚度，其断面为正方形，边长为角柱高度的 1/5。角石平面两尺见方，厚是平面边长的 2/5。压阑石每块长 3 尺，宽 2 尺，厚 6 寸。在压阑石以内形成室内地坪的石板被称为地面石，其尺寸与压阑石相同。在压阑石之下、角柱之间用砖或石平砌，普通台基一般没有石刻装饰（图 2-6）。

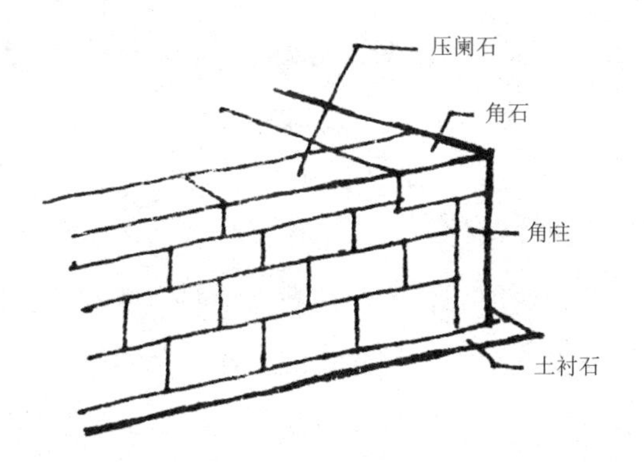

图 2-6　宋式普通台基

较为高级的建筑台基（宋《营造法式》称为殿阶基）一般为须弥座形式。其内部构造与普通台基相同，但其角石上面雕有高浮雕角兽，角石朝外的两面也用浮雕花纹装饰。角柱也随着须弥座的收进和支出雕镌成相应的形式，在相当于束腰的部分雕刻高浮雕花纹。台基下部相当于压阑石的地方用石条围砌，石条称土衬石，其尺寸与压阑石相同。土衬石上用数层石材叠涩砌筑，每层收进或支出 5 寸，这种做法叫作“露棱”。须弥座中间束腰高度为 1 尺，其上可雕刻柱子进行划分，还可以用壸（kǔn）门来装饰，壸门中可作浮雕人物或故事。束腰上下为仰莲、覆莲或仰覆莲，也可简化为凹凸的枭混曲线。须弥座的最上面为压阑石，压阑石上也雕有图案（图 2-7）。

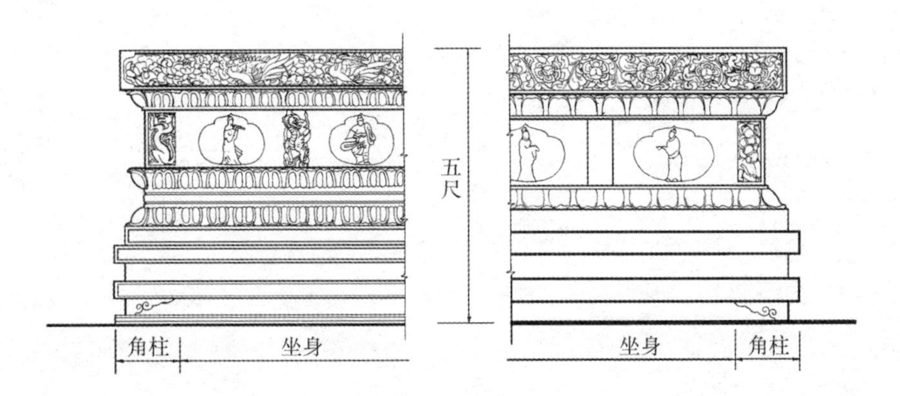

图 2-7　宋式须弥座台基

宋式石刻装饰有四种类型，即《营造法式》中所说“剔地起突”“压地隐起”“减地平钑”和“素平”，这四种类型分别相当于我们今天所说的高浮雕、浅浮雕、线刻和平整石料。

清式普通台基的外包装通常也是在基身的四角立角柱，角柱断面为边长相当于阶条石宽的正方形，柱高为台明高度减去阶条石厚和土衬石露明部分的高度。如果台基较低，也可不用角柱。角柱上面，沿台基四缘放阶条石，一般台基每边所用的阶条石的数目应取单数。阶条石的宽度为柱顶石外缘到台基外缘的尺寸，厚度不超过 4 寸，通常为其宽的 1/4。角柱下边，顺着台基的外缘埋土衬石，土衬石的外缘突出于基身，这个突出的部分称为金边，其宽为台基高的 1/10。土衬石的宽度为陡板厚加上 2 个金边宽，厚度等于阶条石的厚度，土衬石几乎全部埋入地下，露在地面上的部分不多。填在角柱、阶条石和土衬石之间的石板称作陡板，陡板石厚为其高的 1/3，如果陡板石高在 1 尺 2 寸之下，厚为 4 寸。台基上面在阶条石间用砖或石墁地，墁地的砖石数目亦应为单数。在门窗下面，与地面平，有槛垫石，放在金拦土之上，其高为柱径的 2/3，宽为柱径的 2 倍，但槛垫石并不是一定要用。在有的高级礼仪性建筑的中心线上，放一块分心石，由阶条石里皮直到槛垫石（图 2-8）。

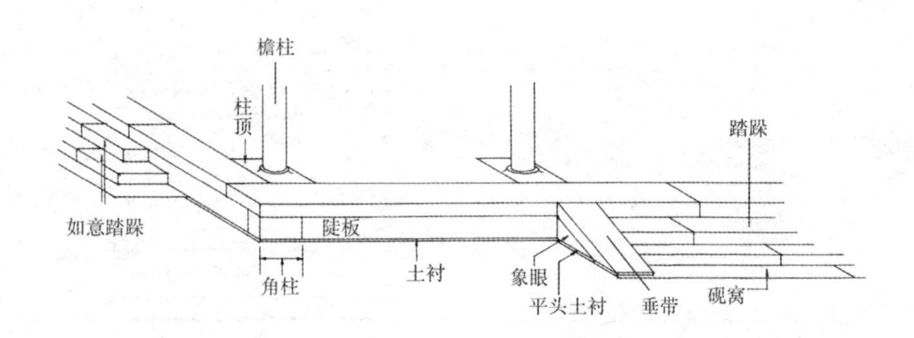

图 2-8 清式普通台基

在较高级的建筑上，台基用须弥座样式，清式的须弥座较宋式更为华丽，雕饰更加细密，但造型显得过于肥硕，线条也显柔弱而缺乏弹性，不如宋代的清秀挺拔。清式须弥座的做法为：将台基露明部分的高度分成51份，由下而上，圭角10份；下枋8份；下枭6份；皮条线1份；束腰8份；束腰上下皮条线各1份；上枭6份；皮条线1份；上枋9份。清式须弥座四角上有用角柱的，也可不用。角柱下部落在圭角上，上部到上枋为止（图2-9）。

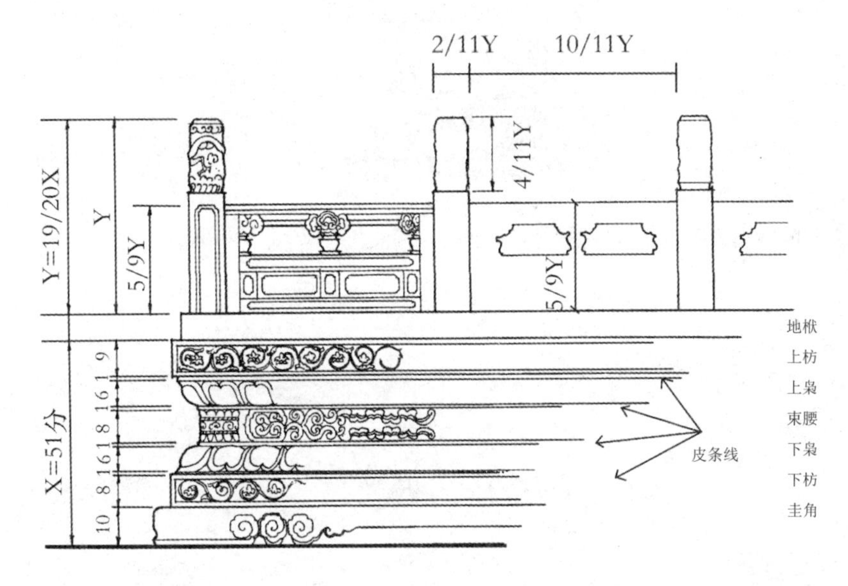

图2-9　清式须弥座台基

有的建筑还可在上枋分位使用螭首或龙头，螭首或龙头的位置与台基上的栏杆柱子相对应。位于台基四角的螭首或龙头作45度斜出（图2-10）。

清式建筑台基外皮到檐柱中线的间距称下檐出，而檐柱中线到建筑檐口的水平距离称上檐出，使用斗栱的建筑下檐出为上檐出的3/4，不用斗栱的建筑下檐出为上檐出的4/5，也就是说台基基身的平面正投影应在屋顶正投影之内，这样屋顶的雨水可以滴在台基之外。宋式做法不详，但可照此考虑。

图 2-10　台基上螭首或龙头的安置

第三节
台阶的做法

一般说来，台阶部数的多少和它的位置安排取决于人们的活动要求。中国早期建筑中，曾经广泛地采用过在建筑正面布置两部台阶的做法。在仪式中，主人使用东面一部台阶，客人使用西面一部台阶，至今还有称主人为“东道”的习惯。随着人们生活方式的改变，这种两阶制度逐渐消失了。不过，在一些高级建筑中我们还可以看到东西阶做法的遗存。比如，有些建筑前的台阶，中央设一道饰满雕刻的御路，台阶则安排在御路的两边。

宋《营造法式》称台阶为“踏道”，它包括供人上下用的台阶和两边的斜置条石——副子。正面的踏道一般要放在建筑的正中，它的总宽度应等于心间的间广。每个台阶的宽（踏面）为 1 尺，高（踏面）为 5 寸。副子的宽度为 1 尺 8 寸。在一些建筑中，还按照使用的要求布置慢道。慢道可以是斜置的平整石板，也可以是砖石砌出一条条棱线的斜面，规格特别高的慢道上，还可雕出各种纹饰。慢道可以单独设置，也可和踏道结合布置，单独设置时，坡度往往较一般踏道为缓，和踏道结合时，通常放在踏道中央，宽度为踏道台阶部分的 1/3（图 2-11）。踏道侧面的三角形部分，称作象眼，一般做成沿着它的三个边层层向内凹入的线脚，或刻成其他的花饰。象眼部分的线脚多少，取决于台基的高低，如果台基高 4 尺半到 5 尺（即普通台基的高度），可用三层石条形成线脚；若台基高度为 6 ～ 8 尺，则可用 5 层或 6 层石条形成线脚（图 2-12）。

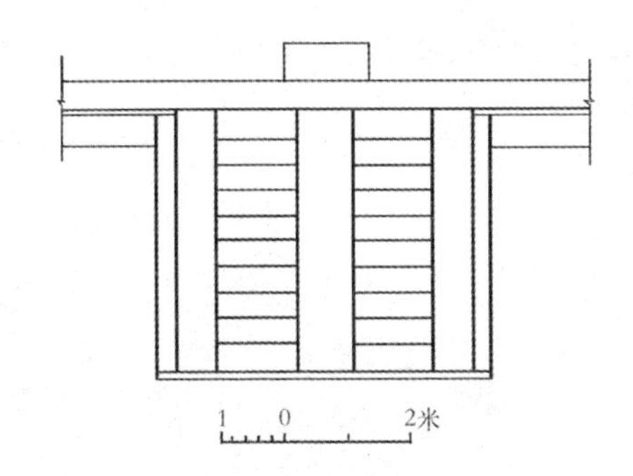

图 2-11　宋式踏道（河南登封初祖庵大殿踏道平面测绘图）

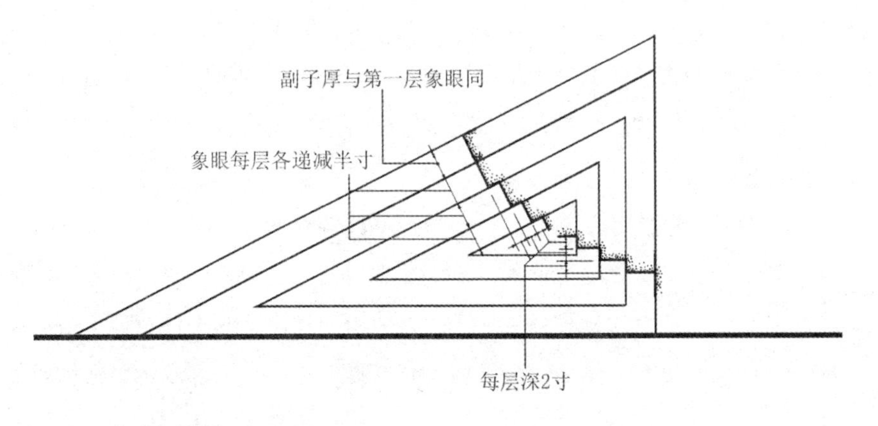

图 2-12　宋式象眼做法

清式台阶中，中间一级级的阶石称作“踏跺”，踏跺最下边一级略高出地面与土衬石平的称“砚窝石”。相当于宋式副子的石板叫“垂带”，垂带下面三角形部分亦称“象眼”，象眼下的土衬石叫作“平头土衬”。踏跺的踏面一般宽 1 尺，踢面高为 4 寸，垂带的尺寸与阶条石相同（图 2-8）。台阶的总宽度一般为明间的面阔外加一个垂带宽，也就是说，垂带的中心线应与明间两边的柱子中心线相对。如果台阶是安在院落的大门前的，它的宽则应为门框外侧间距再加上两个垂带宽。一般的建筑的台阶或建筑的次要台阶，可以不用垂带，台阶三面层层退进，称为“如意踏跺”（图 2-8）。在规格较高的正殿前有用总宽度相当于三间面阔的踏跺的。须弥座台基的台阶往往比较华美，在踏跺中部加上御路，上面刻龙凤等装饰。有时台阶不用一级级的踏跺，而是用表面砌出一条条棱线的斜坡，清称之为“礓礤”，这种布置便于车轿上下，其坡度也应较缓。

第四节
栏杆的做法

许多建筑的台基周围和踏道两边设有栏杆，多层建筑上边相当于阳台的部分，为了安全的缘故，栏杆更是不可少的设施。

汉代的明器上和石刻上所显示的栏杆一般比较简朴，有卧棂栏杆、斗子蜀柱栏杆等样式。南北朝时出现了勾片栏杆的图样，从总体上看，栏杆形象朝着华丽和空灵转变。隋唐时的栏杆做法更加成熟，图像上可以看到卧棂栏杆、斗子蜀柱栏杆、勾片栏杆等形式。“寻杖”，就是栏杆上的扶手。宋以前木栏杆寻杖多为通长，仅在尽端或转角处使用望柱。栏杆的转角部分有两种处理手法：一是使用望柱；二是在转角处不用望柱，寻杖相互搭交而又伸出者，称作“寻杖绞角造”，寻杖止于转角望柱而不伸出的，称“寻杖合角造”。支托寻杖的雕刻短柱，依其外形有斗子蜀柱、撮项或瘿项加云栱等。望柱的断面有方、圆、八角、瓜楞；柱头则有莲花、狮子、卷云、盘龙等（图 2-13）。

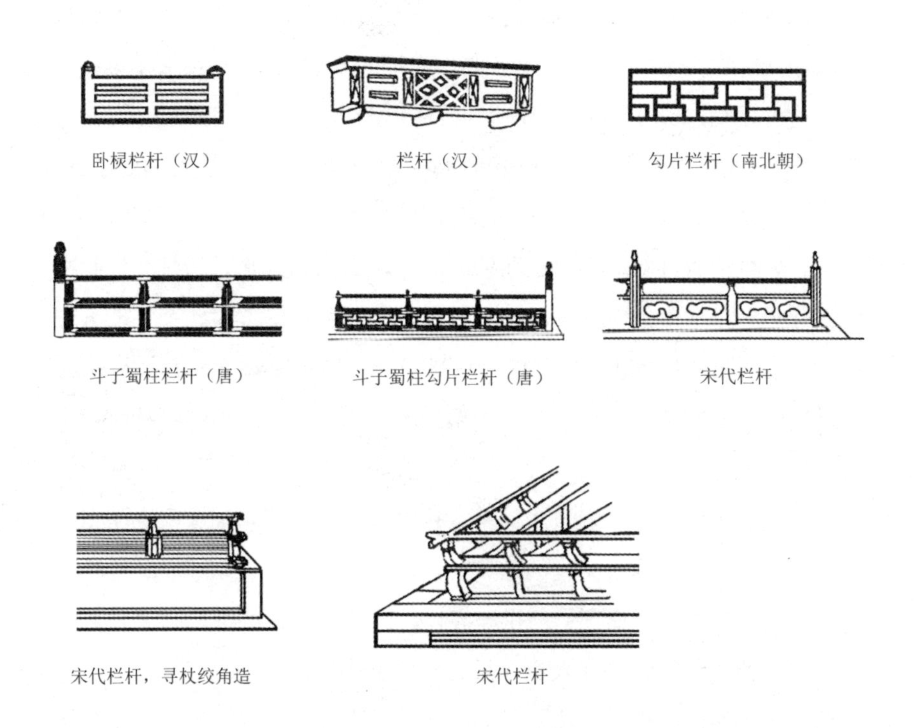

图 2-13　各种栏杆样式

宋《营造法式》中述及的栏杆形式有两种：一种叫重台钩栏，等级较高，尺寸也较大；另一种叫单钩栏，尺寸和等级都低于前者。

石质重台钩栏的做法是：钩栏高 4 尺，望柱由柱头、柱身、柱础三部分组成。柱头部分刻成仰覆莲花上坐狮子的形状，高 1 尺 5 寸，柱身断面为正八边形，两平行边间距为 1 尺，柱身高出寻杖上皮的尺寸为寻杖上皮与台基上皮间距的 3/10，望柱的八个面上可以看到的部分都刻有花纹。柱础上刻出覆盆莲花，其做法和比例与一般柱础相同。望柱直接放在压阑石上，望柱之间安钩栏。钩栏每段长 7 尺左右，最下面设螭子石，放于压阑石上。螭子石长 1 尺，宽 4 寸，厚 7 寸，上面开槽，槽宽与其上所置的地栿宽度相应。也可以不用螭子石，地栿直接放在压阑石上。地栿长取决于钩栏的分段，即7尺左右，宽是钩栏高的18/100，厚为钩栏高的16/100。地栿上放地霞，地霞长为钩栏高的65/100，厚为钩栏高的9/100。地霞间安小华板，其厚为地霞厚的1/3。再往上是束腰，长随钩栏分段，高与厚分别为钩栏高的9/100和10/100。束腰上安蜀柱，高、长、厚分别为钩栏高的19/100、20/100、10/100。蜀柱间为大华板，厚为钩栏高的3/100。蜀柱上托盆唇，盆唇长随钩栏分片，盆唇上为瘿项、云栱。云栱上置寻杖，寻杖长随钩栏分片，断面为方形，边长为钩栏高的8/100，四个角刻出线脚。凡石钩栏，每段两边的云栱、蜀柱，各作一半，这样两片栏板相接后，便可获得一个完整的形象（图2-14）。明、清以后的栏杆都是一段栏板、一个望柱相间的布置，这样在设计时就不必作如此考虑。

石质的单钩栏的构造较为简单。钩栏每段长6尺，高3尺半，在钩栏转角或尽端置望柱，望柱间是钩栏，钩栏由下向上有螭子石、地栿、蜀柱、栏板、盆唇、撮项、云栱和寻杖。其具体尺寸可参见图2-15。

木质的重台钩栏高4尺至4尺5寸，单钩栏高3尺至3尺6寸。望柱柱头用破瓣仰覆莲花，柱子高出寻杖的尺寸为钩栏高的2/10。重台钩栏，方形柱断面边长取钩栏高的18/100；单钩栏，方形柱断面边长为钩栏高的20/100（圆柱柱径或八角柱两平行边间距的尺寸可照此取舍）。钩栏其他各部分间的比例关系与前述石质钩栏相似，可照前图取舍。寻杖、盆唇、束腰、地栿长度的确定，大约有下述情况。当仅在钩栏转角或尽端处设望柱时，寻杖、盆唇等的长度仅受原材料本身的长度的限制，当在与建筑柱子的相应分位或与主体建筑的斗栱相应分位设望柱时，寻杖等的长度按望柱间距的大小来定。为了安装得牢固，钩栏的最外缘要由台基外侧向内退入3至5寸。

我们应该知道，虽然宋《营造法式》是大量实践经验的总结，但其资料来源和它处理的对象都是受到工匠技术传承系统和建筑目的的限制的，所以我们只能把它作为一个入门的钥匙，而不应将它视为一剂万应

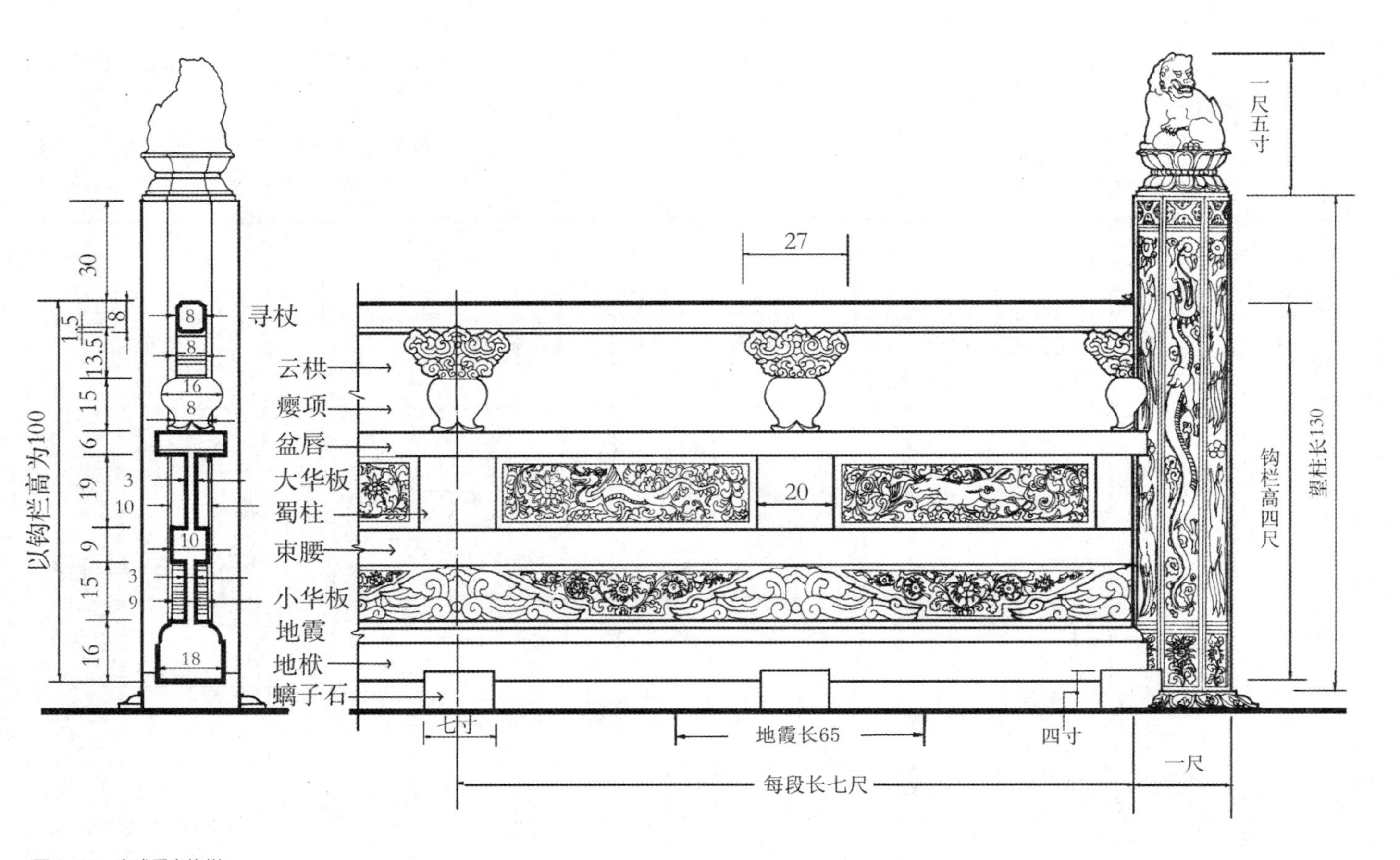
以钩栏高为100
30
1.5
8
13.5
15
6
19
9
15
16
3
10
3
9
8
8
16
8
10
18
寻杖
云栱
瘿项
盆唇
大华板
蜀柱
束腰
小华板
地霞
地栿
螭子石
27
20
七寸
地霞长65
四寸
一尺
每段长七尺
一尺五寸
钩栏高四尺
望柱长130

图 2-14　宋式重台钩栏

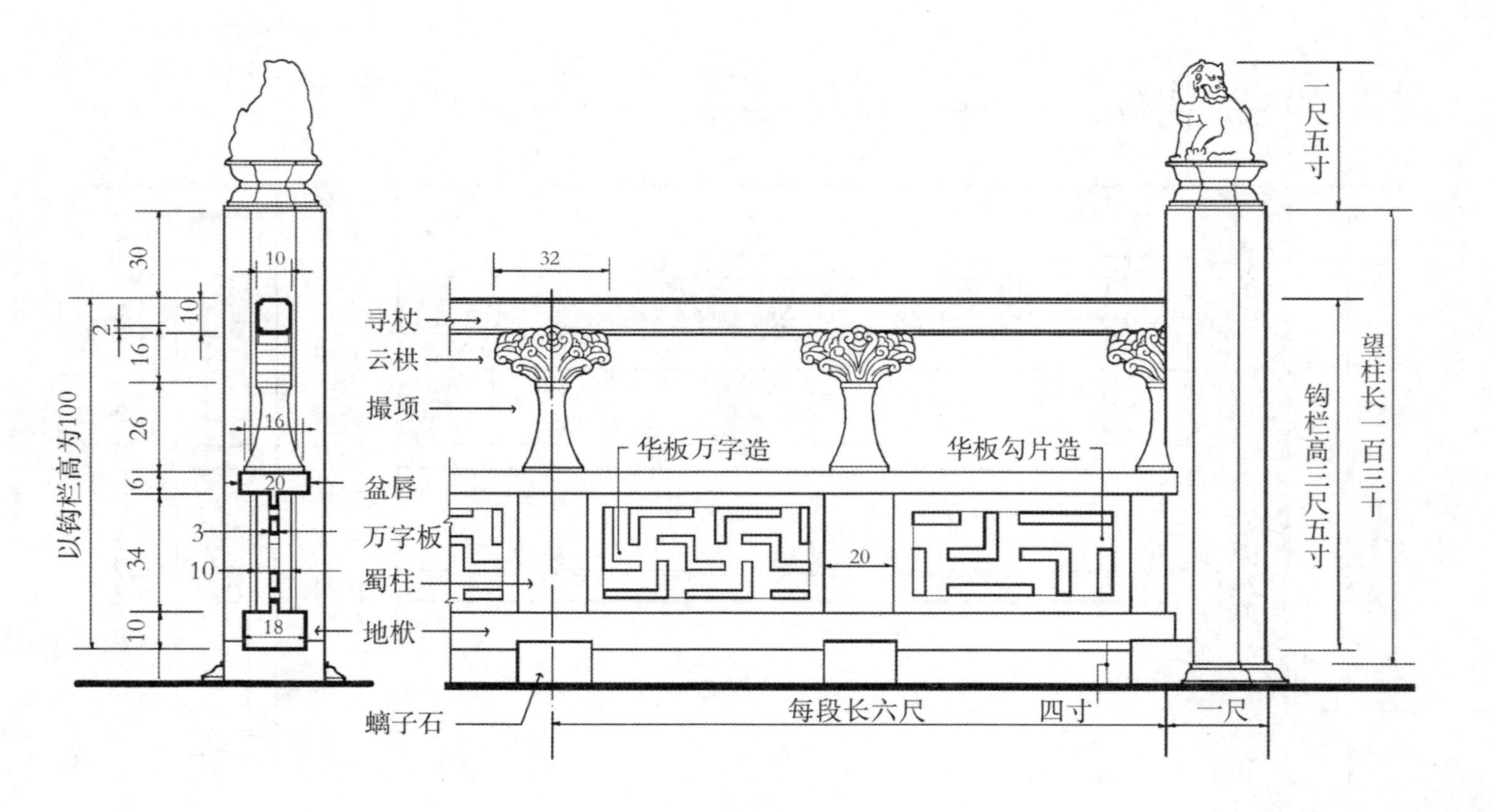

一尺五寸
望柱长一百三十
钩栏高三尺五寸
32
寻杖
云栱
撮项
华板万字造
华板勾片造
盆唇
万字板
蜀柱
地栿
20
螭子石
每段长六尺
四寸
一尺
以钩栏高为100
30
10
10
2
16
26
16
6
20
34
3
10
10
18

图 2-15　宋式单钩栏

妙药。在具体的设计中，我们还要根据实际情况，有所选择，有所取舍，有所修订，以达到我们预期的效果。事实上，《营造法式》的编撰者也意识到了这一点，在很多方面留有变通的余地，也就是人们常说的“有定法而无定式”。

石材栏杆的形式是从木栏杆转化而来，它的构造和形式都受到木栏杆的构造方式和形式的影响。用石材完全仿照木材的构造，整个栏杆由许多分件组成，在加工和制作方面有很多困难，且其整体性也不理想，所以人们逐渐转向用整块石料雕制栏杆，虽然宋《营造法式》中所交代的石栏杆是由许多分件拼接而成，但当时的许多建筑栏杆却是用整块石板雕刻成的，这显然是更加符合石材性质的做法。

清代的石质栏杆，均为整块石料制成。栏杆的样式虽然多样，但其构造基本相同，都是在阶条石上放地栿，地栿之上立望柱，望柱之间安栏板。清式的望柱多为正方形断面，柱头部分为圆柱形，上刻浮雕花样。望柱在两片栏板间施用。栏板上相当于宋式寻杖部分在立面上所占比例较大，整个栏板上雕刻的起伏程度较宋式为小，显得厚实、滞重。其具体尺寸为：望柱高为台明高的 19/20，望柱断面边长为望柱高的 2/11，柱下出榫插在地栿的卯中。望柱柱头高为柱断面边长的 2 倍。栏板的长为望柱高的 11/10，高为望柱高的 5/9，厚为栏板高的 6/25。地栿高同栏板厚，宽为高的 2 倍（图 2-9）。

无论宋式和清式，若在台阶两旁设栏杆，栏杆各部分的尺寸与普通栏杆相同，只是由于栏杆是放在副子或垂带上的，栏板也就顺着其倾斜方向做成平行四边形的。清式垂带栏杆的下端，还用抱鼓石将望柱扶住（图 2-16）。

清代的木栏杆式样很多，读者可参考有关书籍。

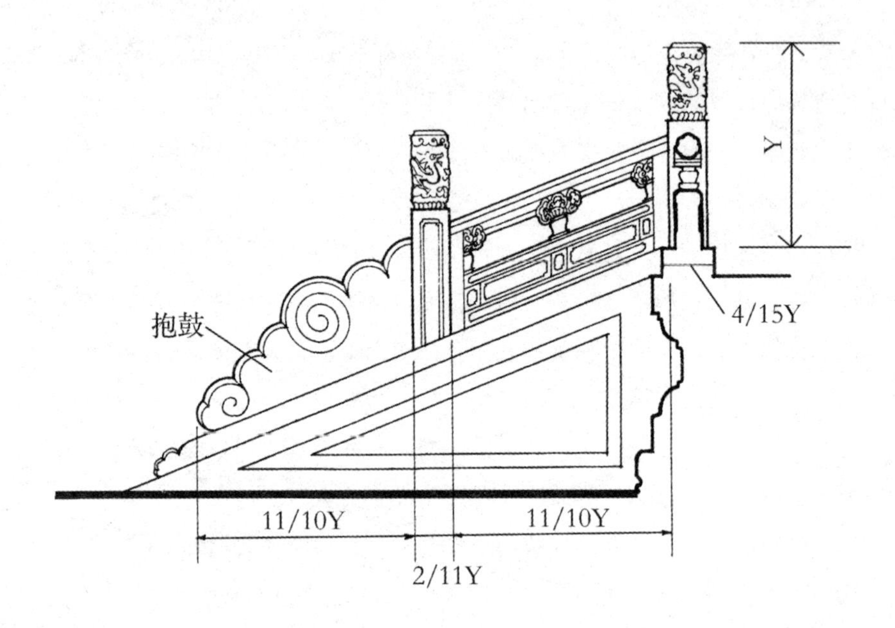

图 2-16　清式垂带栏杆

第三章　屋身的建造

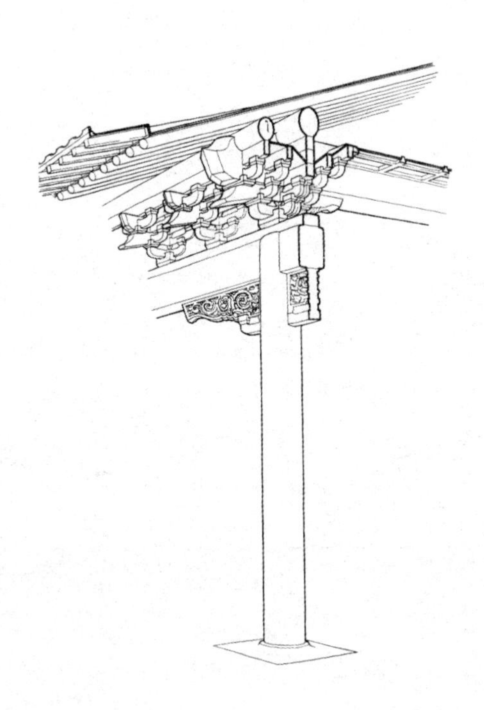

第一节
概　述

中国古代建筑活动被称为“营建”，又称为“土木”，显然“土”和“木”的技术内容在营建中是占主要地位的。在第二章里，谈到的主要是“土”的内容，而从屋身部分开始一直到屋顶，木结构技术占了绝对主要的地位。中国古代木构建筑，最基本的任务就是运用木制构件拼装成宏大的建筑物，由此而产生了一系列木制构件的加工、拼接、安装的方法和技巧。在屋身和屋顶部分，我们的主要任务就是了解木构件的制作和各种木构件的相互关系，附带地也讲述一些砖瓦技术。

中国古代建筑木构件部分，主要有柱、梁、檩、椽、斗栱以及门、窗、板壁等。除了斗栱比较特殊之外，其他部分在我们今天看到的一般木构建筑物中，都可以找到相应的部分。为了叙述的方便，我们将古建木构部分分为屋身和屋顶两部分来叙述，这里所说的屋身，主要涉及的是柱子和柱子间的枋、斗栱及其附属构件，还要谈到墙，隔断、门、窗等部分的制作。

屋身的作用，首先是围合出一个空间，在水平方向上与外界隔开，减少外界的干扰，改善环境条件，以利于人们的活动；其次是承托屋盖，以遮日避雨。由于我们讲的是木构营造，结构和构造方式很自然地成了我们关注的焦点，所以在这里，我们主要地介绍柱子的形式和柱子的安排、斗栱的制作以及其他构件的位置和形式。

第二节
柱子的布局和安置

中国古典建筑平面上横向的一排柱子称为一个间架或一缝。两间架间的空当称为“间”。对于采用奇数间的建筑，当中一间叫“明间”或“当心间”，它两边的则叫“次间”，次间的外面一间称为“稍间”，最外间的叫“尽间”。如果建筑的间数超过七间，则稍间和明间之间就会有很多个次间，这些次间自明间分别向外，可称为第一次间、第二次间等。

宋式两间架间的距离称为“间广”，清式则叫“面阔”，一幢建筑各间面阔之和称为“通面阔”。

中国古典建筑进深方向的尺寸，宋代用椽的数目来表示，《营造法式》中提到的建筑主体部分的最大进深为十二架椽。清代建筑的进深用檩的数目来表示，清代的北京故宫太和殿主体部分进深为十三檩（上可置十二椽）。整个建筑的深度称为“通进深”。山墙面上两柱之间的空当亦可称为一间。

在古建设计中，确定了柱子的安排方式也就确定了建筑的各个间广（面阔）和通面阔、通进深。

柱子是木构建筑屋身部分最重要的构件，它主要的结构作用是支撑上部重量。归入屋身部分的柱子位置不同，名称也不同。宋式檐下最外一列柱子称为檐柱，其内的柱子叫内柱，当心间两边的檐柱叫作平柱。清式也称檐下最外一列柱子为檐柱，其内的则叫金柱，在山墙正中一直顶到屋脊的柱子为山柱，在建筑纵中线上但不在山墙里的柱子称中柱，屋角部分的檐柱则为角柱。

与现代建筑不同的是，中国古典建筑的柱网布局考虑的是各个柱头位置的确定。在明清以前的建筑中，广泛地使用柱子侧脚的做法。所谓侧脚，就是把建筑的各檐柱的根部向外斜出，按照宋《营造法式》，正面檐柱的侧脚是将柱底中心位置向外移出柱高的千分之十，山面檐柱则是将柱底中心向外移出柱高的千分之八，角柱则要向两个方向分别侧出千分之十和千分之八。侧脚后的柱子底面要与柱础平合相接，因此柱子的底面是一斜面。

据《营造法式》，殿堂式建筑的柱网布局方式有四种，即双槽、单槽、金箱斗底槽和分心斗底槽（图 3-1）。所谓“槽”，原是指建筑施工时在地面上开挖的沟槽，有一排柱子，便要在地上挖一道槽。双槽即指室内有两排柱子，分心斗底槽则在屋脊下设一排柱子。厅堂建筑则有 18 种构架形式，即十架椽屋分心用三柱、十架椽屋前后三椽栿用四柱、十架椽屋分心前后乳栿用五柱、十架椽屋前后并乳栿用六柱、十架椽屋前后各劄牵乳栿用六柱、八架椽屋分心用三柱、八架椽屋乳栿对六椽栿用三柱、八架椽屋前后乳栿用四柱、八架椽屋前后三椽栿用四柱、八架椽屋分心乳栿用五柱、八架椽屋前后劄牵用六柱、六架椽屋分心用三柱、六架椽屋乳栿对四椽栿用三柱、六架椽屋前乳栿后劄牵用四柱及四架椽屋构架形式四种。这 18 种构架形式可以根据实际需要，选择一种、两种，甚至三种在同一幢建筑中使用，只要椽数相同，便可以很自然地形成通常使用的矩形建筑平面（图 3-2）。

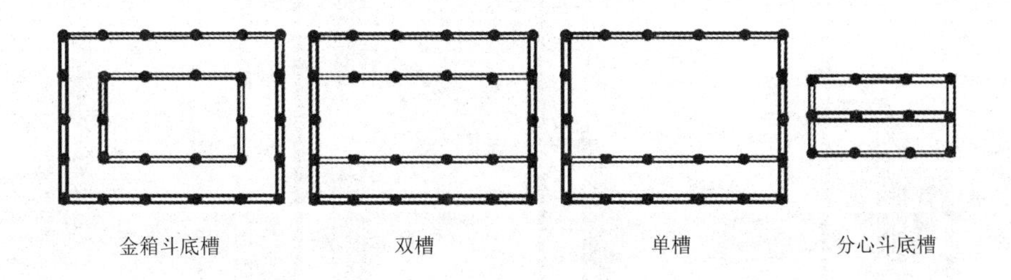

图 3-1 殿堂建筑柱子布局的四种形式

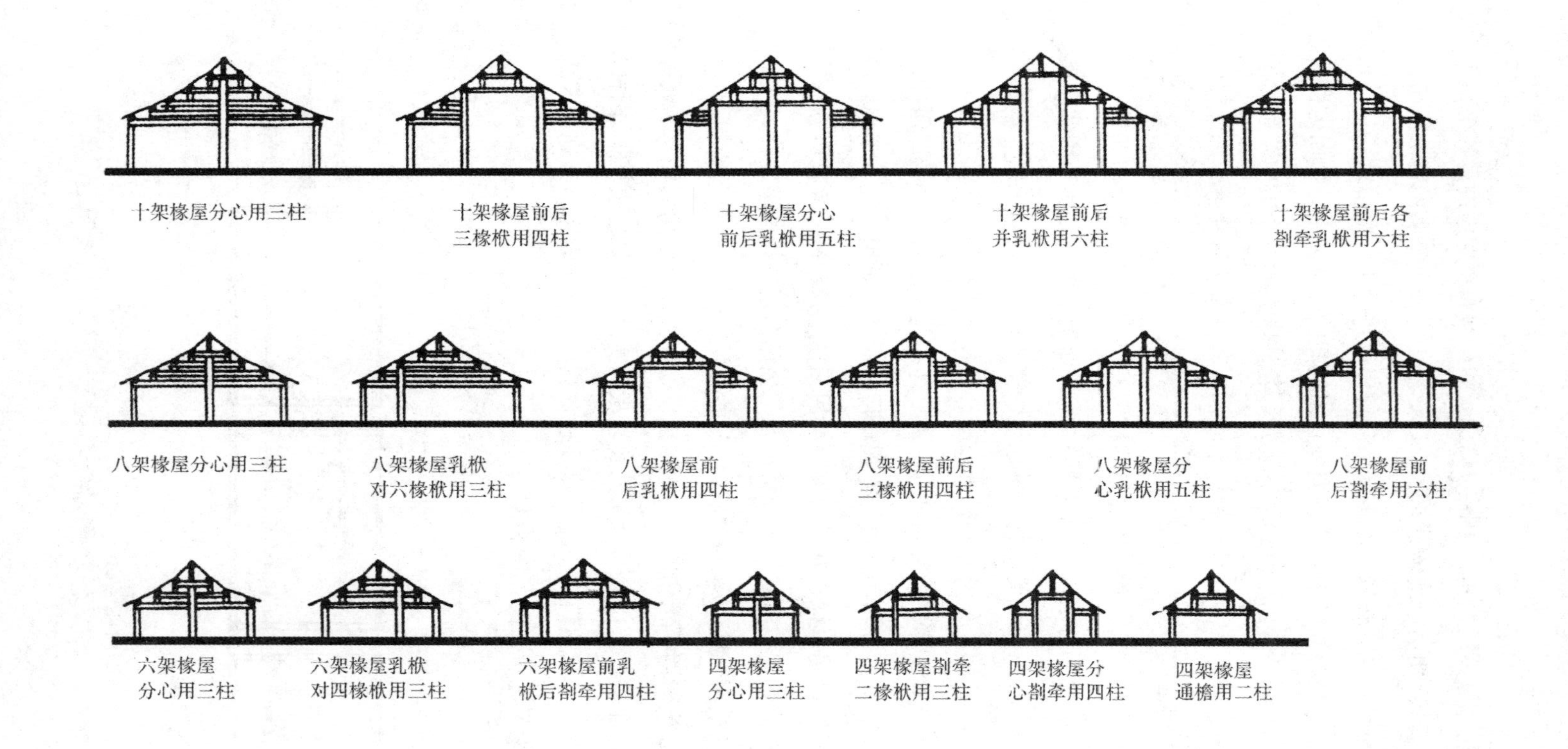

图 3-2　厅堂建筑的 18 种构架形式示意

椽既是建筑上构架的名称，又是用来计算梁栿长度的单位，宋代是用椽子的水平投影长度（椽平长）来表示梁栿的长度的，椽平长实际上也就是两槫间的水平距离。据研究，《营造法式》中椽平长最大不超过 150 分°，而梁的最大净跨不超过八椽，即两柱头间最大距离不应超过 1200 分°。此外，殿堂建筑主体部分进深为十椽 1500 分°时，进深方向两柱头间的距离可为 750 分°，并且这两柱头间距的中点亦为建筑进深的中点，这样，就表明柱头并不与上面的槫相对的情况在殿堂建筑中也是允许的。知道了这些，我们便可以按照《营造法式》提供的柱子安排方式，结合实际要求，来确定柱子在进深方向的具体位置。

要想造起一幢建筑，我们还要知道面阔方向柱子间距（间广）确定的方式。

一般来说，使用单补间，间广为 250 分°，允许增减的最大限度为 50 分°。用双补间时，间广为 375 分°，允许增减的最大限度为 75 分°。这样，建筑正面间广最大可达 450 分°。但由于殿堂进深方向间广最大不得超过 375 分°，为了简化建筑角部构造，并考虑到建筑造型的要求，上述间广可增至 450 分°的做法只适于殿堂建筑的当心间，其他间的最大间广为 375 分°。如果稍心间间广用 375 分°，房屋的其他间均可用 375 分°。稍间间广取 250 分°，房屋的其他间均可用 250 分°，或心间用 375 分°。上面所述主要针对使用补间铺作的情况，如果不用补间铺作的话，建筑间广宜按照实际造型额要求在 200 分°左右来考虑。

清式建筑没有殿堂结构和厅堂结构之分，其柱子沿进深方向的安排方式可参见图 3-3。对于使用斗栱的大式建筑来说，两檩之间的水平投影距离一般取 22 斗口。而对于不用斗栱的小式建筑，两檩之间的距离一般为檐柱径的 4 倍。

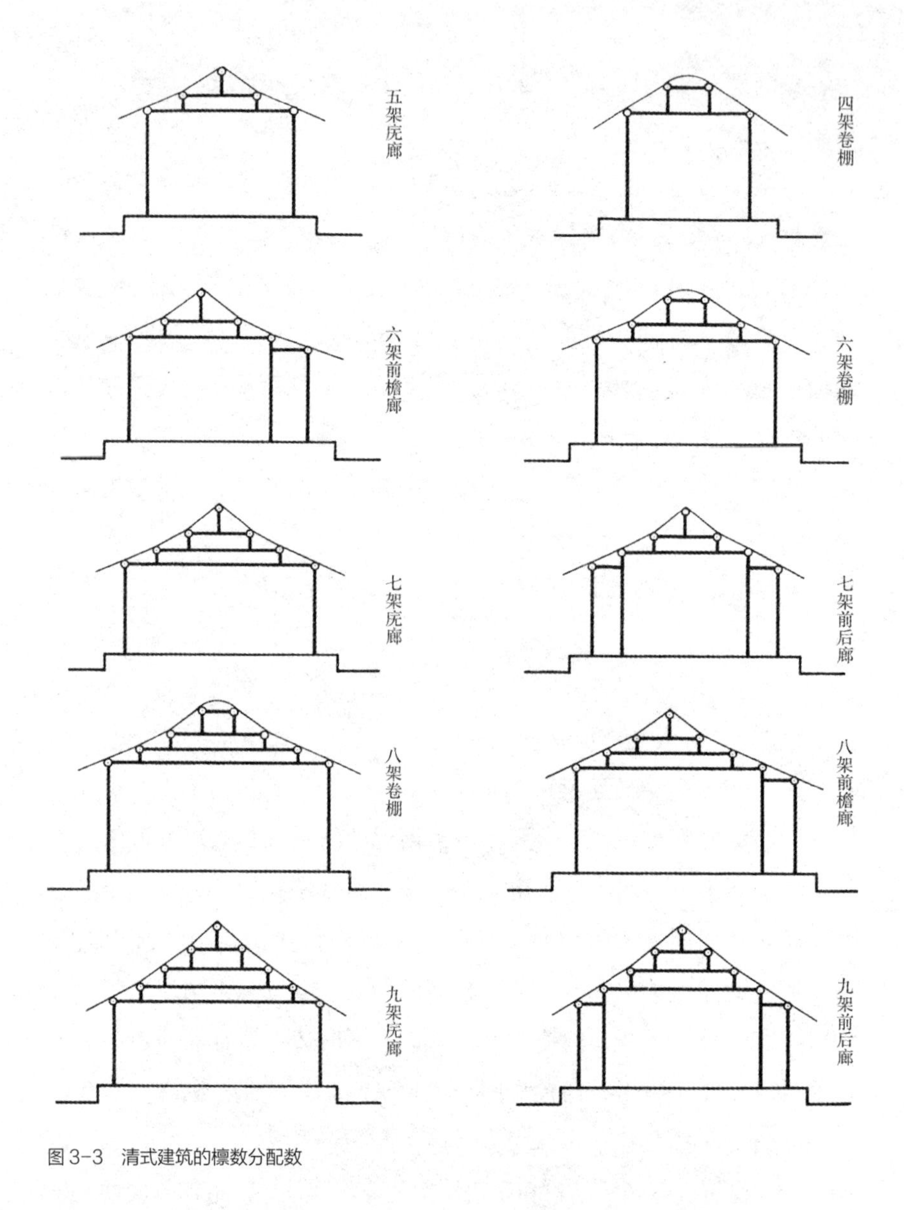

图 3-3　清式建筑的檩数分配数

对于清大式建筑，决定了建筑的斗口等级和各间使用的平身科攒数，便可确定建筑的各间面阔及至通面阔。以面阔七间的庑殿顶或歇山顶为例，如果明间使用平身科六攒，以空当居中，依次向两侧排列，次间较明间减一攒斗栱，稍间平身科攒数与次间同，尽间比稍间又减斗栱一攒，由于两攒斗栱中心线的间距定为 11 斗口，我们便可得到该建筑明间面阔为 77 斗口，次间和稍间面阔为 66 斗口，尽间面阔则为 55 斗口，建筑的通面阔为 451 斗口。

清代小式建筑明间面阔尺寸的确定要考虑到具体使用的要求和所备木料尺寸的限制，在通常情况下，柱高为明间面阔的 8 折，而柱高为柱径的 11 倍，这样如果柱径 1 尺，则柱高为 1 丈 1 尺，明间面阔则约为 1 丈 4 尺。次间面阔可减明间 1 尺，稍间再减 1 尺，或次间面阔取明间面阔的 8 折，稍间面阔为明间面阔的 7 折或 65 折。这样，我们便可以确定小式建筑的通面阔尺寸。

第三节
柱子的形式和尺寸

宋式柱子的尺寸，照《营造法式》，殿堂类的柱径为二材二栔至三材，厅堂类的柱径为二材一栔，余屋为一材一栔至二材。

关于柱子的高度，《营造法式》仅在卷五提到："若副阶廊舍，下檐柱虽长，不越间之广。"可见檐柱高度的确定要考虑其与间广的尺寸关系。通过研究，我们现在知道，殿堂建筑无副阶殿身檐柱柱高最大不越当心间的间广，可以在 250 分°到 375 分°之间选择。用副阶的建筑副阶柱的高度不超过 250 分°，用副阶的殿身柱应比副阶柱加高一倍，以 500 分°为限。殿堂建筑内柱与檐柱同高。厅堂建筑的檐柱高为 200 分°至 300 分°，屋内柱随举势定其高度。

宋代建筑普遍采用"生起"的做法，所谓"生起"，就是使柱高自心间檐柱（平柱）向角柱逐柱加高的做法。据《营造法式》，加长的具体方法是三间生 2 寸，也就是说平柱外侧的那根柱子比平柱长 2 寸，每向外推一根柱子增加 2 寸，至十三间生起 1 尺 2 寸。严格来说，进深方向上的同一列柱子的高度也不相同，对于双槽、分心、金箱斗底槽平面来说，其山面正中的柱子高度应与正面平柱相同；对于单槽平面，则其山面中间两根柱子应与正面平柱的高度相同。双槽、分心、金箱斗底槽山面中柱与角柱间的柱子的高度，可以按正面生起总数的一半来考虑其生起数。

清式大式建筑的檐柱径为6斗口，柱高为柱径的10倍，即60斗口，或者柱高取明间面阔的6/7。如果是小式建筑，则柱高为明间面阔的8/10，柱径为柱高的1/10，或者柱径取明间面阔的7/100。以上所讲的是清式矩形平面建筑的柱高和柱径的确定方法。对于四柱攒尖方亭，柱高为两柱间距的8/10，柱径为柱高的1/11。六柱六角亭，柱高为相邻两檐柱间距的1.5倍，柱径为柱高的1/11。八柱八角亭，柱高为相邻两檐柱距的1.6倍，柱径为柱高的1/11。

中国古建筑中柱子本身形状也颇有讲究，有圆形断面的，有方形断面的，有八角形断面的，等等。宋代以后，主要使用圆形断面的柱子。即使使用圆形断面的柱子，也不那么简单，宋式圆柱要做成棱柱形式，使柱身立面的边线成为弹线弧线。这种柱子是这样制成的：把柱高分为9等份，上面3份依次向内作斜线，与柱顶投影水平线相交的间距相等，并使第3条斜线与水平线的交点到栌斗底的水平距离为4分°，然后将这余下的4分°刻成覆盆状，这样，棱柱便制成了。这种制造弧线的方式称为“卷杀”，按照实物，有些建筑上的柱子不仅上半身要卷杀，下半身也要卷杀，《营造法式》上没有介绍柱子下半身卷杀的方法，虽然所见实例下半身卷杀均不如上半身卷杀突出，但我们仍可以参考上半身卷杀的方法来制作（图3-4）。

清式的柱子基本上为一圆台形，下粗上细，斜率称为“收分”，一般柱头直径比柱脚小柱高的千分之七。

此外，宋代还有在柱底加“柱下櫍”的做法，“柱下櫍”就是在柱底和柱础之间放置的一块圆木板，櫍的木纹方向不应和柱身的木纹方向一样，以免水的毛细现象使柱脚受潮腐烂。如果櫍木腐坏时可以将其换掉，而不至于要换掉整根木柱。使用木櫍，简直就同工人带护袖以减少洗涤整件衣服的次数的道理一样。櫍厚为10分°，下部3分°处理为圆柱形，直径比柱底大6分°，上部7分°为凹弧线，使櫍的上表面与柱底同大（图3-5）。

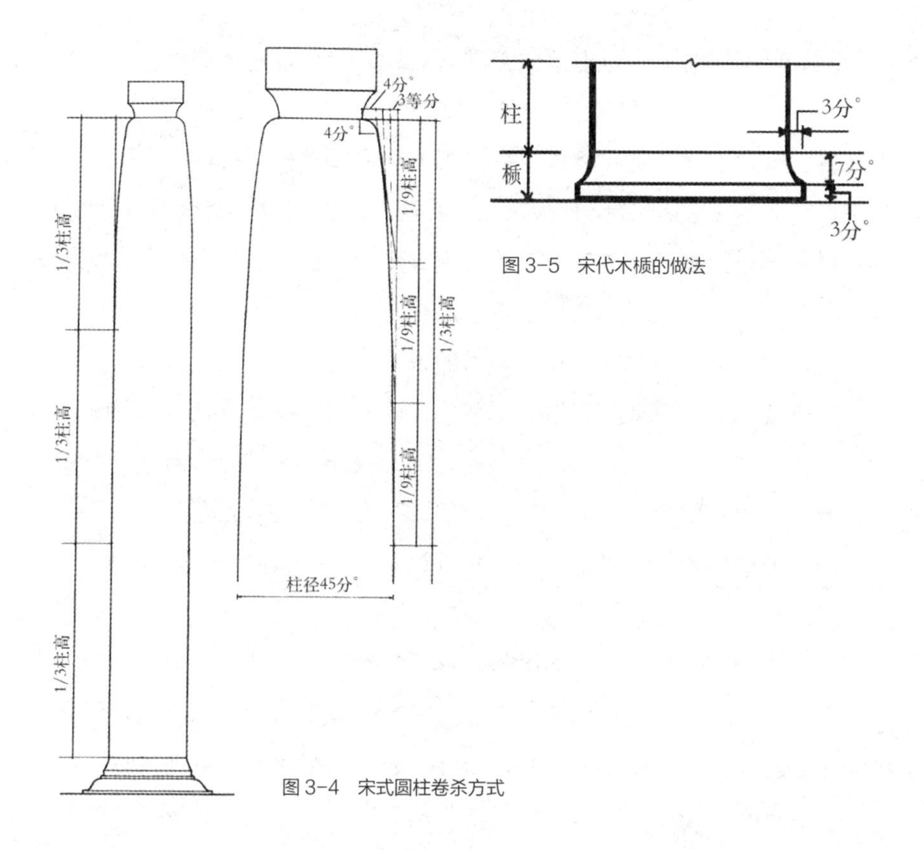

图 3-5　宋代木櫍的做法

图 3-4　宋式圆柱卷杀方式

此外，还应提到的是，《营造法式》上提到了用几块小木料拼合成较大的柱子的方法，这种拼柱到了明清二代渐渐多了起来，这表明当时木材供应紧张，大料不可多得。从建筑技术上看，拼柱法对于突破木材自然尺寸对建筑规模的限制是有很大帮助的。

第四节
侧脚和生起的作用

前面提到了柱子的侧脚和生起。可为什么中国木构建筑要采用侧脚和生起的做法呢？对此人们有过一些分析，其中主要的看法是认为采用这些处理方式对于建筑形象的美观有帮助。比如，柱子侧脚后，建筑立面下大上小，虽然只是些微变化，但是可以使整个房屋显得更加庄重、稳健、有力。柱子生起后，使得柱头上部的阑额呈一折线，与建筑的飞檐翼角做法密切配合，使建筑显得优雅、飘逸、造型更加生动。另外，采用侧脚和生起也改善了房屋的受力关系。我们可以看出，中国木构建筑各主要构件之间结合的基本形态是正交，各构件是通过榫卯相结合的，由于木质构件本身具有相当的弹性，再加上各构件之间的结合不可能是完全密实的，一般说，这种节点既不同于铰结，又算不上刚结，而是介于刚结和铰结之间，可以称之为刚铰结。在外力作用下，节点自身发生一定的变形，从而抵消一部分外力，所以它具有相当的抵抗水平力的能力。但如果水平外力超过一定限度，节点就会失去稳定，矩形的构架有可能变形成为平行四边形，受力关系恶化，这时榫卯被拉松，刚度进一步减小，如继续发展，就有可能倾覆，造成整个建筑物的破坏。侧脚和生起的运用，加大了建筑抵抗水平力的能力。侧脚以后，房屋外廓投影略呈梯形，这样，建筑承受水平力就要比规则的矩形框架有利得多，首先是防止建筑构架向平行四边形转变，其次是竖向的荷载通过略斜的柱子会在柱底产生较大的水平方向的摩擦力以抵抗外来的水平力，同时水平分力的存在对于压实榫卯、增加构架的刚度也起一定的作用。生起的运用使阑额不是水平的，而是略微倾斜。竖向荷载将在阑额上形成两个分力，一个是垂直于杆件的剪力，一个是沿着杆件的推力，并且这个推力是指向明间的，这就可以进一步压实榫卯，增加节点刚度，防止其因受水平力而变形。可见，侧脚和生起在受力上的效益是很明确的，不能仅把它看成是造型的要求。明清时，侧脚和生起的做法在民间建筑上仍广泛使用，但在官式建筑中却逐渐消失了，也许是由于砖墙的大量使用增加了建筑的稳定性，同时这些做法使得材料加工和构件安装比较麻烦所致。不用侧脚和生起，虽然简化了工艺，加快了施工速度，但在结构受力性能上，不能不说是一项损失。

第五节
额与枋的形式、位置和尺寸

为了加强柱子之间的联系，使整个构架更加稳定，在柱子与柱子之间使用枋使之互相联系。不仅如此，有的枋还要承托柱间的斗栱，起着传递垂直荷载的作用。宋式木构和清式木构中的枋，在名称和做法上有很多的不同。

宋式的枋有阑额、由额、内额、地栿等。阑额是檐柱头与檐柱头间互相联络的构件。它不但起到稳定柱子的作用，还往往要承托柱间的斗栱。阑额的上表面要与柱头平齐，阑额的高为 2 材，即 30 分°，其上承担补间铺作时，厚为 20 分°，不用补间铺作时则厚为 15 分°，阑额长随间广，两头再各加一个榫长以出榫入柱，入柱的榫高与阑额高同。虽然按照《营造法式》提供的图样，建筑最外间的阑额外端是埋在柱内的，但实例表明，当时采用阑额出头的做法却是很常见的（图 3-6）。由额是在阑额下方布置的枋，它只起联系加固作用，由额高比阑额少 2 ～ 3 分°，即二十七八分°，厚在《营造法式》上没有说明，或可参

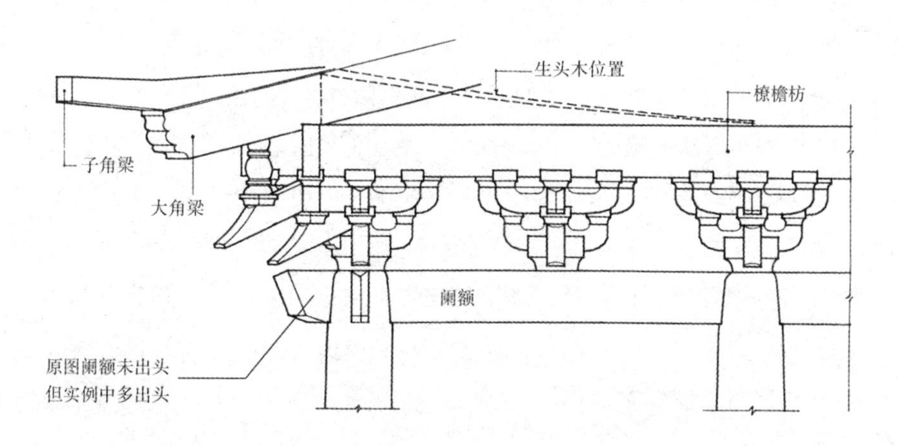

图 3-6　宋代阑额及其端头的处理

照不承补间铺作的阑额厚度来定，由额长随间广。它的位置高低没有具体规定，可按设计要求随宜处理。在有副阶的建筑里，副阶不用由额，殿身由额安放在副阶的峻脚椽下端，承托峻脚椽。内额作用与由额相同，使用在内柱之间，高为 18 ～ 21 分°，厚为高的 1/3，长随间广。地栿是檐柱柱脚间互相联系的构件，其位置一般于木櫍上面，高 17～18 分°，厚取高的 2/3，地栿与角柱相交时，伸出角柱 1 材（15 分°）。另外，同梁的方向一致，在柱子间安装与额的功能相同的“顺栿串”，顺栿串的断面为一足材。

清式建筑中与阑额对应的，称之为“额枋”或“檐枋”。如设两重额枋，则上面的叫大额枋，下面的为小额枋，小额枋相当于由额。大额枋高为 1.1 个柱径，厚为 0.9 个柱头径，长随面阔，但在稍间时要长出半柱径加上半个榫宽。小额枋高 0.8 个柱径，厚按高来定，额枋高在 1 尺 2 寸以内的，厚减高 2 寸；高大于 1 尺 2 寸的，高每多 1 尺，厚再减 1 寸，长随面阔。在大小额枋之间，还立有一块板，称“由额板”，其高为小额枋高的一半，厚减高 2 寸，长随面阔。如果不用两重额枋而只用单额枋的话，额枋高同柱径，厚为柱头径的 0.9 倍，长随面阔。清式建筑的额枋上不直接放斗栱，而是在额枋上安平板枋，平板枋上施斗栱，平板枋宽为 3 个半斗口，高为 2 个斗口，长按面阔，用在稍间时长与大额枋同。宋式阑额上亦有用平板枋的，名“普柏枋”，从《营造法式》上看，普柏枋似乎只用于平座的阑额之上，其宽为 15 分°或 21 分°，其高约为宽的一半。但在实例中，却常出现在檐下的阑额之上。雀替是在额枋之下，由柱内伸出，承托部分额枋的构件，长为面阔的 1/4，高为柱径的 5/4，厚为柱径的 4/10。在梁架之下，顺着梁架的方向往往有随梁枋的使用，随梁枋相当于宋代的顺栿串，其高为 1 个檐柱径，厚减高 2 寸。此外，在檐柱和老檐柱（即殿身檐柱）之间有穿插枋联络（图 3-7）。

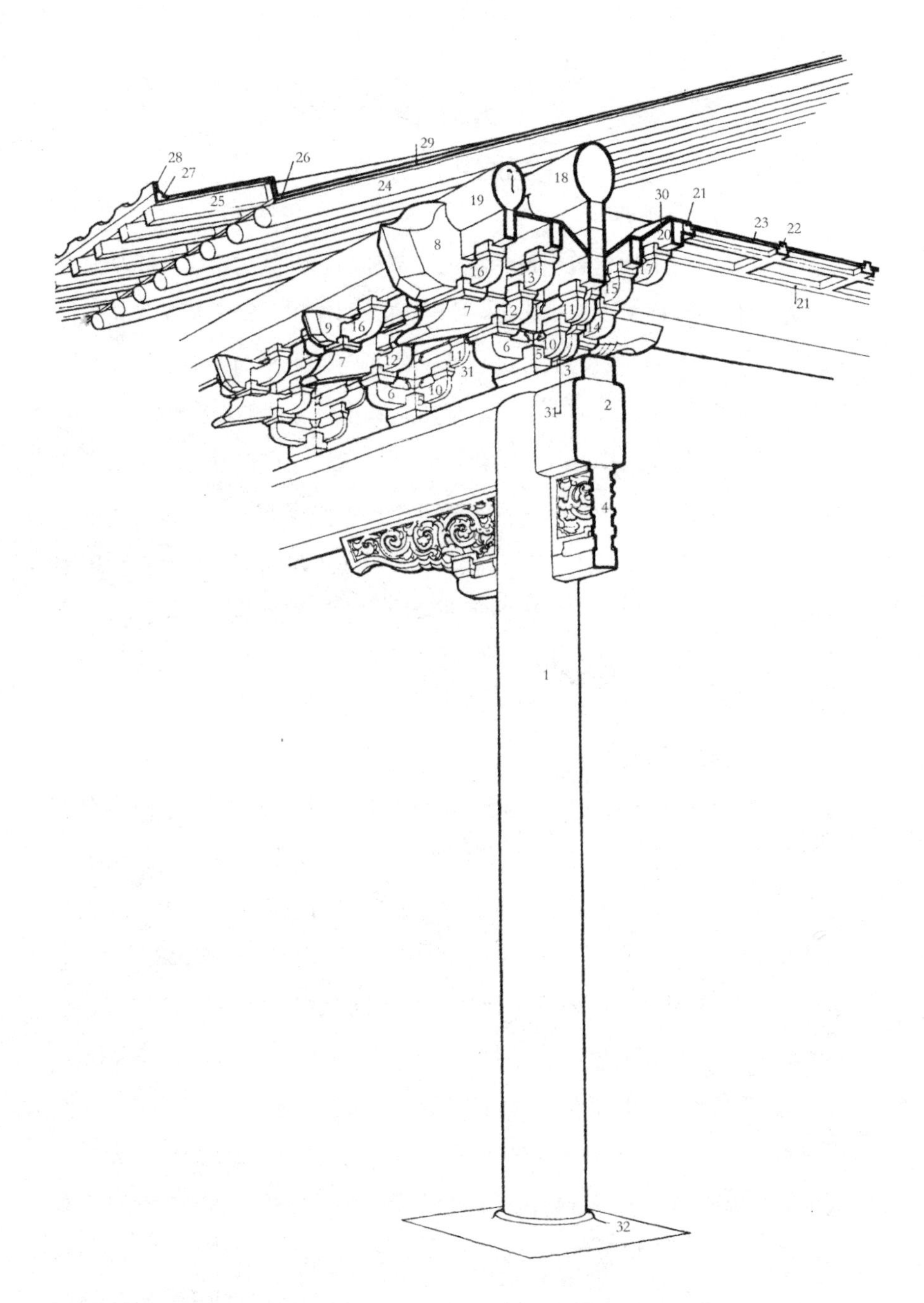

1. 檐柱；2. 额枋；3. 平板枋；4. 雀替；5. 坐斗；6. 翘；7. 昂；8. 挑尖梁头；9. 蚂蚱头；10. 正心瓜栱；11. 正心万栱；12. 外拽瓜栱；13. 外拽万栱；14. 里拽瓜栱；15. 里拽万栱；16. 外拽厢栱；17. 里拽厢栱；18. 正心桁；19. 挑檐桁；20. 井口枋；21. 贴梁；22. 支条；23. 天花板；24. 檐椽；25. 飞椽；26. 里口木；27. 连檐；28. 瓦口；29. 望板；30. 盖斗板；31. 栱垫板；32. 柱础。

图 3-7　中国古代建筑斗栱组合（清式五踩单翘单昂）

第六节
斗栱的制作及施用

斗栱是中国木构建筑中最有特色的部分，它的结构意义在于把竖向荷载集中传递到柱子和额枋之上，起到节点的作用，既避免某处构件受到的剪力、压力、弯矩过大，又使众多的竖向、水平构件能在此完整相连；另外，檐下斗栱对加大建筑的出檐起着不可忽视的作用。

在中国木构建筑中，斗栱的组合最为复杂，不同时期斗栱的形态变化又很显著，斗栱还是古典模数制中基本单位确定的依据，所以了解斗栱的形态和制作方法对于中国木构的营建是至关重要的。但是，在中国建筑历史中也不是所有的木构建筑都使用斗栱，只有那些重要的官式建筑才使用它。斗栱在结构中的地位尽管重要，但它的结构意义无论如何也大不过梁、柱，只是因为它的特殊性、制作的复杂性和内容的丰富才使人们给它以特别的关注。

斗栱在《营造法式》中被称为“铺作”，因其位置的不同而有不同的名称，在转角处角柱上的一组斗栱叫作“转角铺作”，其他位于柱头上的斗栱则称“柱头铺作”，在两个柱头之间，位于额枋上的斗栱称为“补间铺作”。当斗栱外跳六至八铺时，建筑稍间宜用两朵补间铺作，这时间广取 375 分°，外跳五铺作时，稍间宜用一朵补间铺作，间广 250 分°。斗栱用在屋檐下的称“外檐斗栱”，用在室内的称“内檐斗栱”。

铺作又指斗栱的出跳，所谓“出一跳谓之四铺作”[1]，斗栱可以层层出跳至五跳八铺作（图 3-8）。为什么“出一跳谓之四铺作”呢？今人依据宋代外檐斗栱安置规律，认为由于斗栱是由数层木块骈叠凑合而成，每一层木块可以称为“一铺”，除了向外跳出的木块层之外，一般斗栱都还要有栌斗、耍头木和衬方头三层方木，所以斗栱出一跳便须有四层木块，也就是四铺，故称之为“四铺作”，此后每加一跳，便要增

1.［宋］李诫 . 营造法式 .

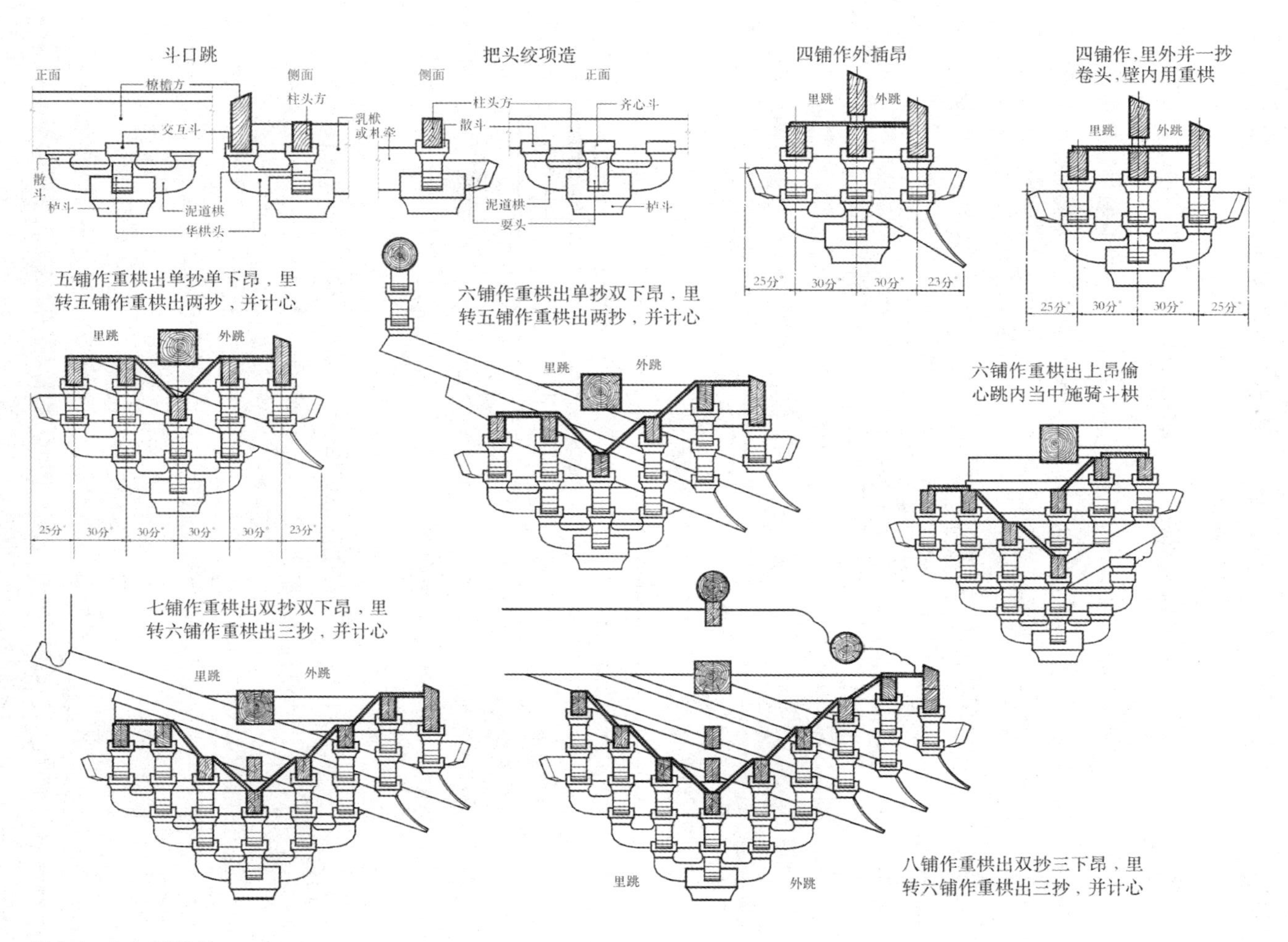
斗口跳
正面
侧面
橑檐方
柱头方
乳栿或札牵
交互斗
散斗
栌斗
泥道栱
华栱头
把头绞项造
侧面
正面
柱头方
齐心斗
散斗
泥道栱
耍头
栌斗
四铺作外插昂
里跳
外跳
25分°
30分°
30分°
23分°
四铺作，里外并一抄卷头，壁内用重栱
里跳
外跳
25分°
30分°
30分°
25分°
五铺作重栱出单抄单下昂，里转五铺作重栱出两抄，并计心
里跳
外跳
25分°
30分°
30分°
30分°
30分°
23分°
六铺作重栱出单抄双下昂，里转五铺作重栱出两抄，并计心
里跳
外跳
六铺作重栱出上昂偷心跳内当中施骑斗栱
七铺作重栱出双抄双下昂，里转六铺作重栱出三抄，并计心
里跳
外跳
八铺作重栱出双抄三下昂，里转六铺作重栱出三抄，并计心
里跳
外跳

图 3-8　宋式斗栱举例

加一铺，于是出两跳者为五铺作，出三跳者为六铺作，出四跳者为七铺作，出五跳者为八铺作。当然，斗栱并不一定出跳，仅乳栿或札牵从栌斗口内伸出者为把头绞项造，用乳栿或札牵出跳的称斗口跳。

一组斗栱向外和向内的出跳可以是不同的，常常有向里的跳数少于向外跳的跳数的情况，例如“七铺作里转六铺作”。外檐铺作里跳减铺的多少与檐柱和内柱之间距的大小有关，间距为 375 分°，里跳宜用六铺作；槽深 250 分°，里跳宜用五铺作。一般来说，里跳可以比外跳少两铺。

再有，在出跳的栱头上或昂头上用横栱者，称“计心造”，不用横栱者，称“偷心造”。如果柱头上或跳头上用两层横栱者，称“重栱”，如用一层横栱者，称“单栱”。与出跳越多斗栱的等级越高一样，重栱是较为高级的斗栱样式（图 3-9）。

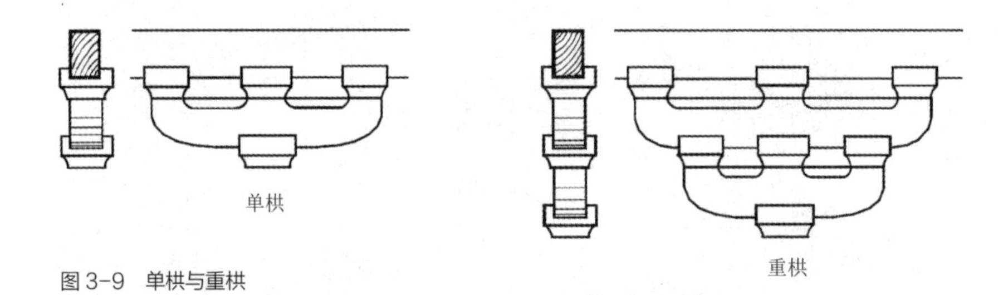

图 3-9　单栱与重栱

清式斗栱所处位置不同名称也不同，柱头上的斗栱称为“柱头科”，角柱上的斗栱称为“角科”，两柱间平板枋上的斗栱称为“平身科”。每一组斗栱称为一“攒”。清式斗栱的总体尺寸远远小于宋式斗栱，其排列也较宋式为密，因此清式建筑上的平身科攒数要远远多于宋式补间铺作的朵数。

斗栱的出跳清称之为“出踩”。出一跳为三踩，出两跳为五踩，出三跳为七踩，出四跳为九踩。出踩的数目与斗栱之间联络用的枋的排数是相同的（图 3-10）。

宋式斗栱由斗、栱、昂、耍头、衬方头、方等构件组成。

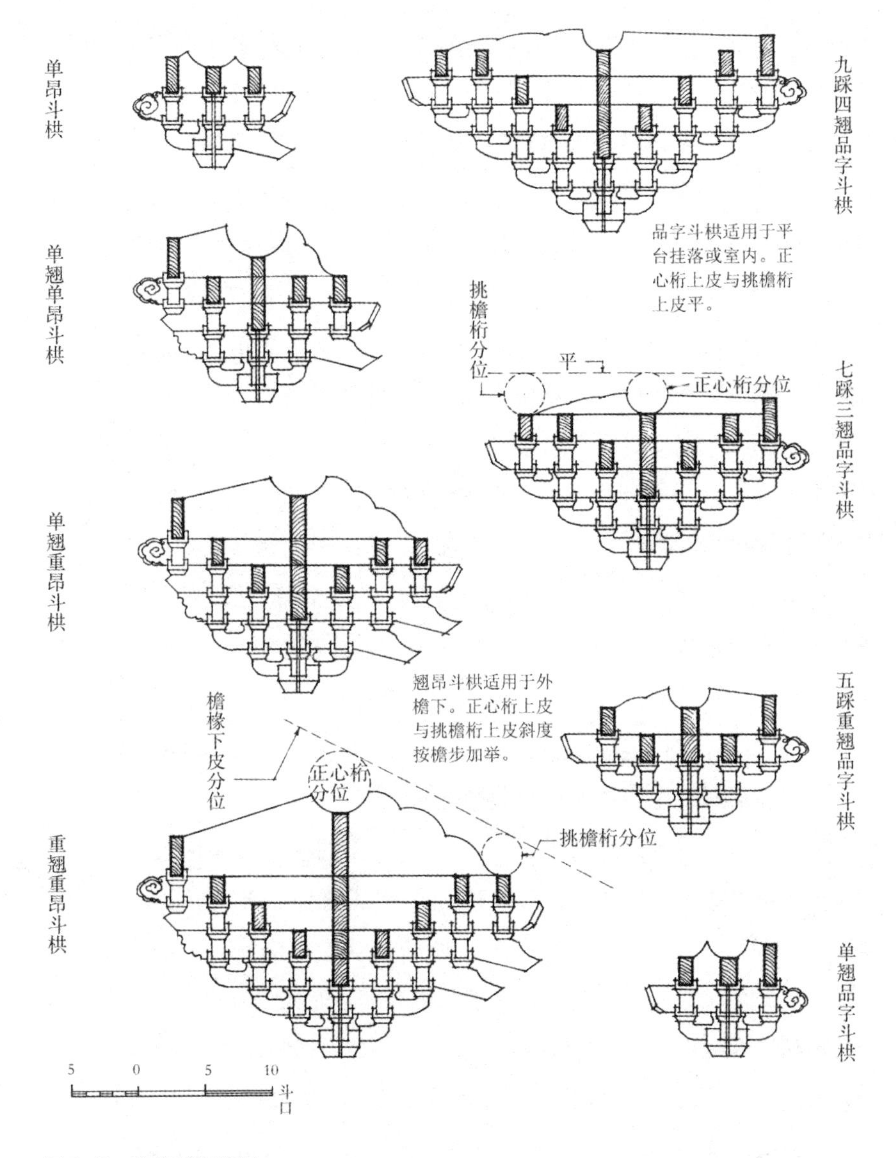

图 3-10　清式斗栱出踩图

斗又可写作“枓”，宋式的斗因位置不同，有栌斗、交互斗、齐心斗、散斗诸名称。栌斗是直接摆在柱头或阑额（或普柏枋）上的斗，其尺寸较大，一般长和宽都是 30 分°，角柱上的栌斗更大，长、宽都是 36 分°，栌斗的高均为 20 分°，上 8 分°为耳，中 4 分°为平，下 8 分°

为欹（yī）。如果斗栱出跳，栌斗十字开口，边上余下四耳；如不出跳，则顺屋身方向开一字口，成两耳；开口宽 10 分°，深 8 分°，开口内有隔口包耳，高 4 分°，宽 3 分°；底四面各杀 4 分°，欹䫜（ào）1 分°。如果角柱上用圆形栌斗，其直径为 36 分°，底径 28 分°。交互斗又称长开斗，置于华栱之上，十字开口，四耳，斗长 18 分°，宽 16 分°，高 10 分°，其中耳 4 分°，平 2 分°，欹 4 分°，隔口包耳高 2 分°，宽 1 分°半，开口广 10 分°，深 4 分°，底各面杀 2 分°，欹䫜半分°。交互斗施于替木下面的，顺屋身方向开一字口。交互斗用于昂头之上，谓之“骑昂交互斗”，其下面要开出一道斜槽，使之能够安稳地坐在昂上。交互斗用在屋内梁栿之下者，叫交栿斗，其正面宽 24 分°，侧面宽 18 分°，顺栿开口，口宽 16 分°。齐心斗是位于栱心的斗，长、宽皆 16 分°，顺身开口，两耳，内无隔口包耳，其耳、平、欹、开口、杀、欹䫜尺寸皆与交互斗同。平盘斗用于由昂或内外转角出跳上，平盘斗无耳，高 6 分°，长、宽均为 16 分°。散斗是分布在横栱两头的斗，长 16 分°，宽 14 分°，顺身开口，成两耳，高 10 分°，无隔口包耳（图 3-11）。

栱有五种：华栱、泥道栱、慢栱、瓜子栱、令栱。华栱又称抄头、卷头、跳头，它是垂直于立面方向向外跳出的栱，可起加长承托距离的作用。华栱又有四种，放于栌斗内的叫“两卷头”，长 72 分°，用“足材”，即高 21 分°，宽 10 分°，四瓣卷杀，每瓣长 4 分°。如果华栱不止一层，则第二层起叫“骑槽檐栱”，断面为一足材，比下层华栱长不超过 60 分°，即每边出跳不过 30 分°。压跳，又称“楷头”，是向屋内跳出的最上一层构件，其断面为一足材，出跳距离不超过 30 分°。丁头栱是尾部入柱，头部向前跳出的半个华栱，长 33 分°，出榫 5 分°，丁头栱施于屋内转角处，斜 45 度伸出者叫“虾须栱”，其伸出的长度按$\sqrt{2}$倍的丁斗栱计，用双出榫，榫长 6～7 分°。泥道栱是顺立面方向，放于栌斗内的栱，长 62 分°，断面为一单材，即高 15 分°，宽 10 分°，四瓣卷杀，每瓣 3 分°半。若用在转角铺作上，泥道栱外侧就成了向外跳出的，这时栱的断面可为一足材。瓜子栱是放在跳头（华栱头或昂头）

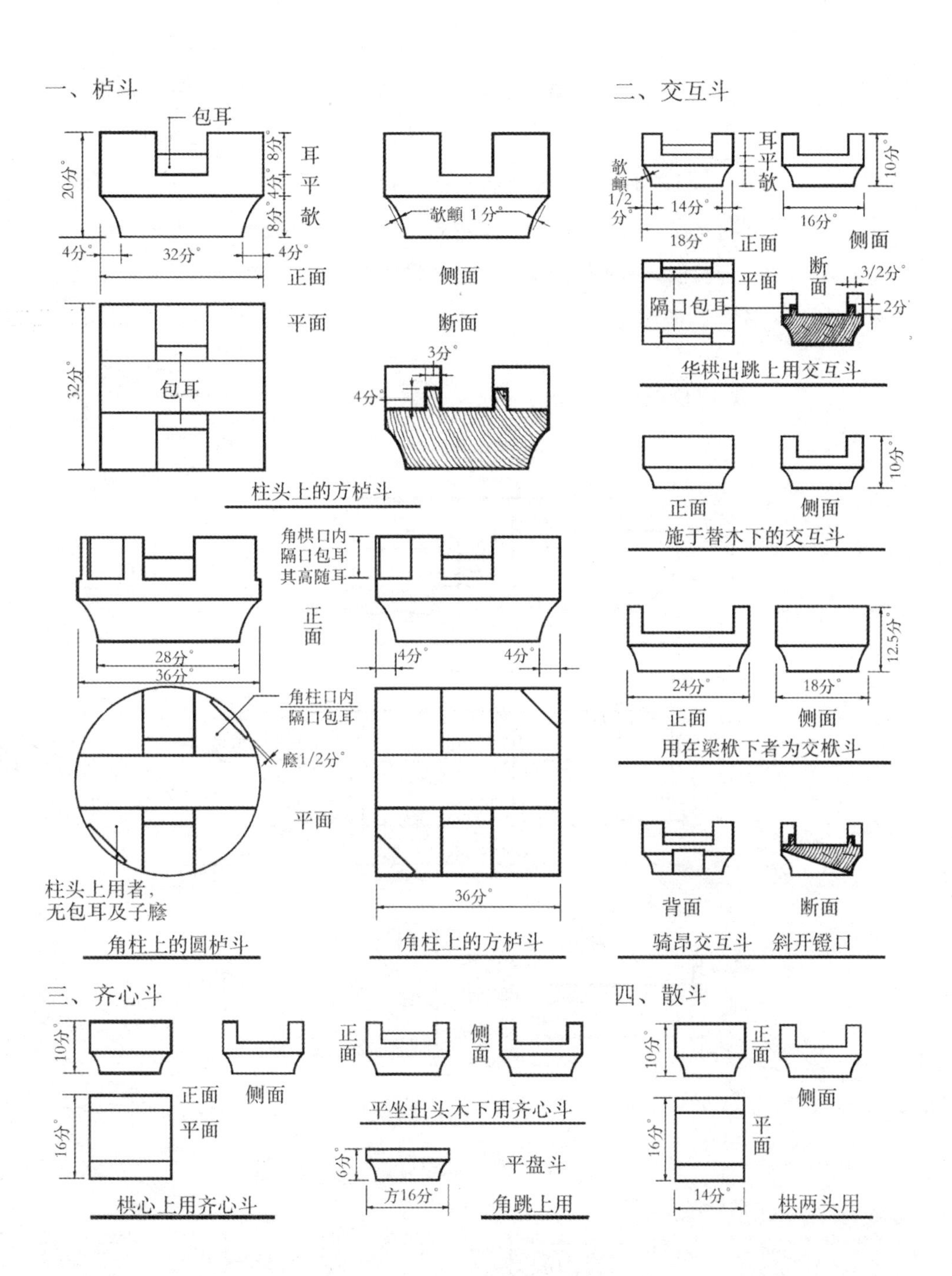
一、栌斗
包耳
20分°
耳
平
欹
8分°
4分°
8分°
4分°
32分°
4分°
欹䫜 1分°
正面
侧面
平面
断面
32分°
包耳
3分°
4分°
柱头上的方栌斗
二、交互斗
耳
平
欹
欹䫜
1/2分°
14分°
18分°
10分°
16分°
正面
侧面
平面
断面
3/2分°
隔口包耳
2分°
华栱出跳上用交互斗
10分°
正面
侧面
施于替木下的交互斗
角栱口内
隔口包耳
其高随耳
正面
28分°
36分°
4分°
4分°
角柱口内
隔口包耳
𣙑1/2分°
平面
柱头上用者，
无包耳及子𣙑
36分°
角柱上的圆栌斗
角柱上的方栌斗
12.5分°
24分°
18分°
正面
侧面
用在梁栿下者为交栿斗
背面
断面
骑昂交互斗 斜开镫口
三、齐心斗
10分°
16分°
正面
侧面
平面
栱心上用齐心斗
正面
侧面
平坐出头木下用齐心斗
6分°
方16分°
平盘斗
角跳上用
四、散斗
10分°
正面
侧面
平面
16分°
14分°
栱两头用

图 3-11 宋式造斗之制

上的栱，尺寸与泥道栱同，但卷杀为每瓣 4 分°。令栱又称“单栱”，是最上一跳的华栱头或昂头上沿立面方向的栱，在檐外的令栱断面为一单材，长 72 分°，五瓣卷杀，每瓣 4 分°，令栱若里跳骑栿，则断面用足材。泥道栱或瓜子栱上安放的立面方向的栱为慢栱，断面一般为单材，但骑栿或用于转角铺作（这时栱外端跳出）时断面取一足材，其长 92 分°，四瓣卷杀，每瓣长 3 分°（图 3-12）。

一、华栱（用足材）

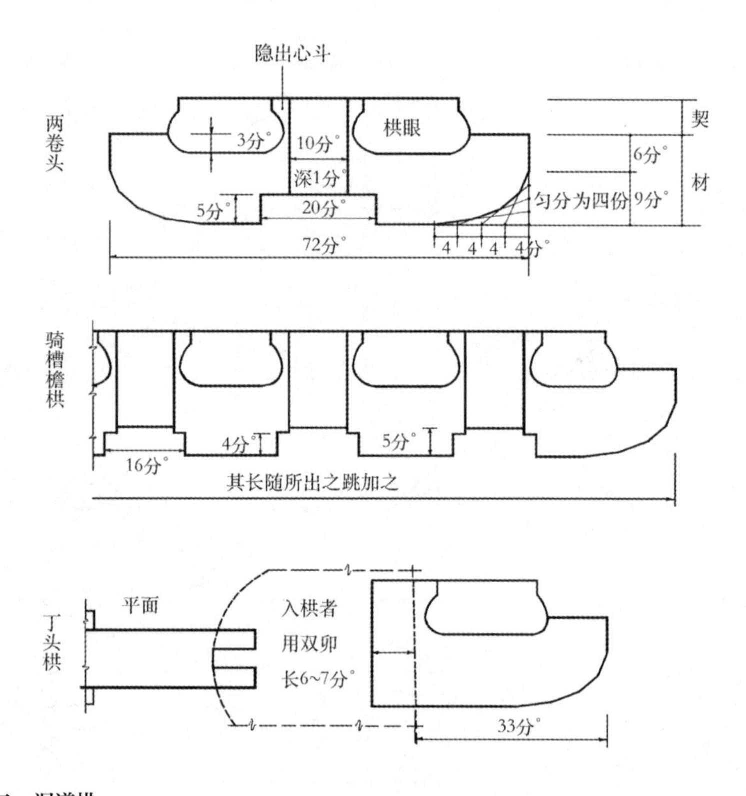

二、泥道栱

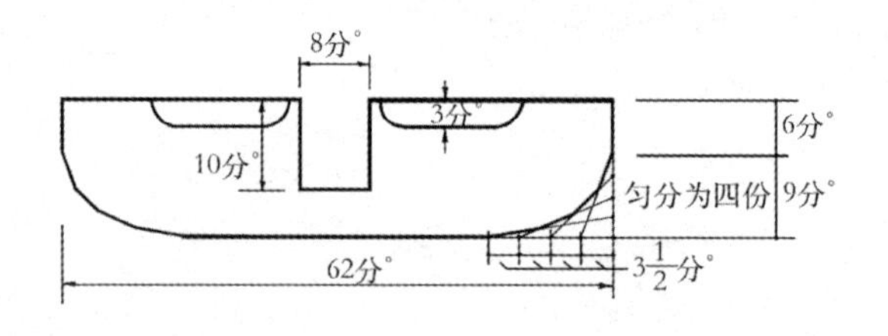

三、瓜子栱

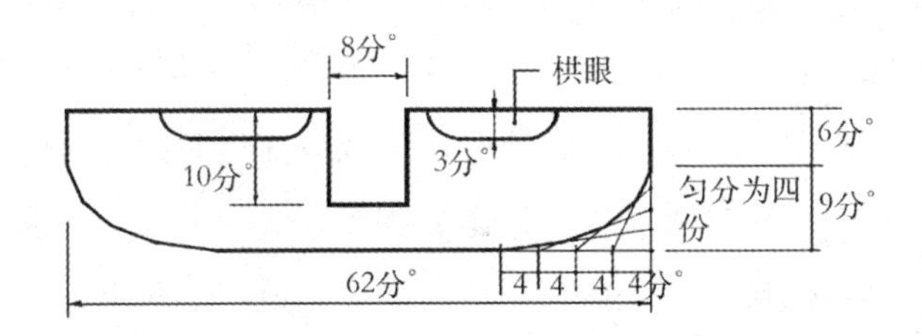

四、令栱

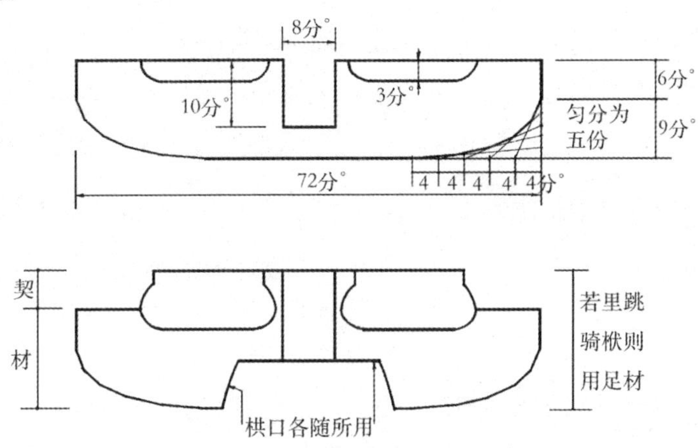

五、慢栱

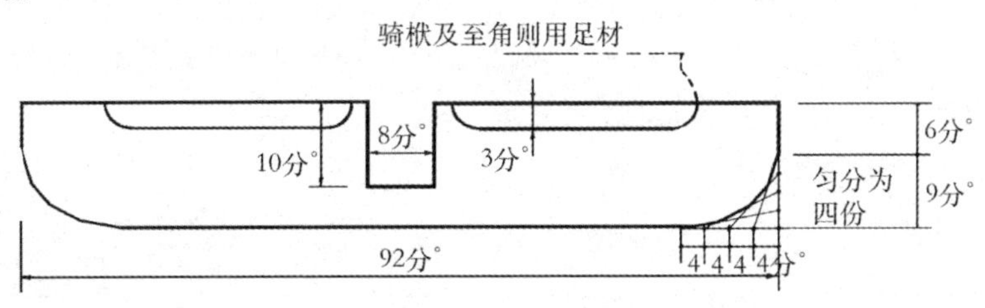

附：鸳鸯交手栱

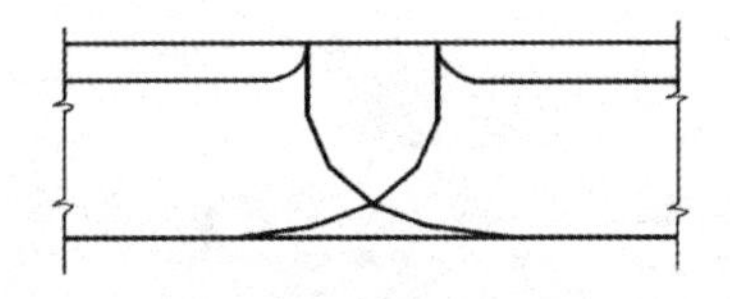

凡栱至角相连长两跳者，则当心施斗，斗底两面相交隐出栱头，谓之“鸳鸯交手栱”。

图 3-12 宋式造栱之制

昂有上昂、下昂之分（图 3-8），昂和华栱一样，也是出跳的构件，下昂一般向檐外跳出，上昂则只用于向屋内出跳或施于平座之下。使用下昂，可以在保证出跳的前提下减小铺作高度，而使用上昂则与之相反，是保证出跳时增加铺作高度的办法。下昂是一根长杆件，从结构上看，它类似一个杠杆，特别是补间铺作中的下昂，它一头承担着檐口的重量，一头挑着槫子，使得建筑檐部不致塌陷或倾覆，其结构的安排可谓巧妙。昂用单材或足材，从交互斗中心到昂尖的水平投影长 23 分°。昂嘴有琴面和批竹等形式（图 3-13）。昂上斗的位置，如果是四、五铺作，则斗底与同一层的其他斗底平，如果在六铺作以上，则斗底较同一层其他斗底低 2 分°至 5 分°。第一跳昂下面有从下面交互斗斗口里伸出的“华头子”承托，第二跳直接从斗口里出昂，斗口做成斜面，与昂身吻合。放在昂头上的交互斗（骑昂交互斗）的底面，要“斜开镫口”，前已述及（图 3-11）。放在角部的下昂前部长为普通昂的$\sqrt{2}$倍。补间铺作下昂昂尾向屋内跳至下平槫分位，屋内为彻上明造（梁架全部暴露）时，昂尾与下平槫之间往往放置一斗，或加二斗一栱，在弥补昂尾与下平槫间差距的同时增加了构架的美观。如屋内用平棊或平闇，昂尾和下平槫间如有空当的话，则用蜀柱联系。柱头铺作的下昂昂尾是压在梁栿之下的。如果斗栱为四铺作，可用插昂，这是一种昂身不过柱心的短昂头（图 3-8）。

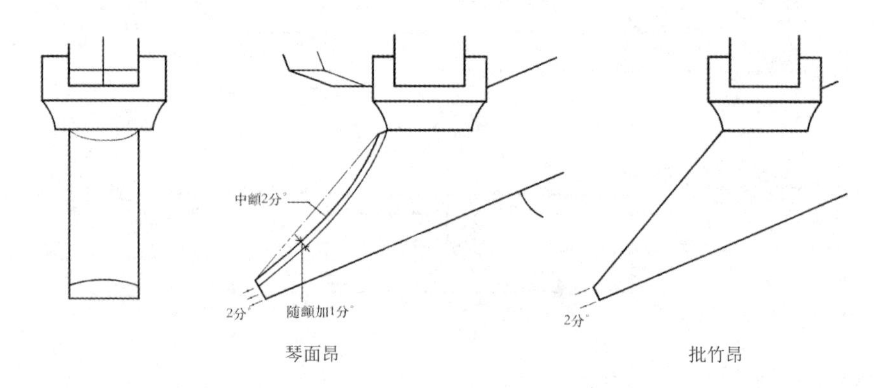

图 3-13　宋式的琴面昂和批竹昂

耍头是一组斗栱中最上面的垂直于立面的伸出构件，它不起传跳作用，位于最上层的华栱或昂之上，又可称为“爵头、胡孙头、蜉蜒头”，断面为一足材，从跳头上之斗口中伸出 25 分°。耍头端头按《营造法式》刻出“鹊台”，但也有其他的处理方式（图 3-14）。其后部做法因具体使用地位的不同，而有不同的处理方式。

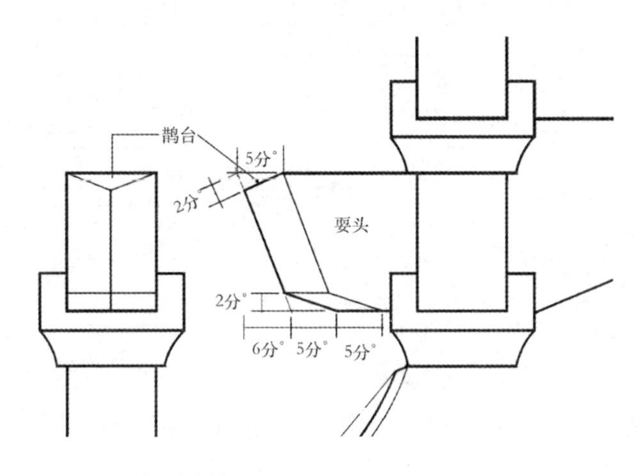

图 3-14　造耍头之制

衬方头是在耍头上方，用来固定橑檐方或橑风槫的构件，其断面为一单材（图 3-15）。

方是两组斗栱间的连系构件，在柱头正上方的叫“柱头方”，在檐下令栱上的叫“橑檐方”，在屋内令栱上的叫“平綦方”，在瓜子栱、慢栱之上的叫“罗汉方”，一般方的断面可取一单材，橑檐方的断面则为高 30 分°，厚 10 分°。

清式斗栱中斗有四种，即坐斗、十八斗、三才升、槽升子。坐斗又称“大斗”，相当于宋式的栌斗，置于平板枋上。平身科坐斗长宽各 3 斗口，高为 2 斗口，其中四成为耳，两成为腰，四成为底，十字开口，正面口宽 1 斗口，侧面宽 1.25 斗口。柱头科坐斗长（指面阔方向）4 斗口，宽 3 斗口，高 2 斗口，十字开口，正面口宽为 2 斗口，侧面 1.25 斗口。坐斗的侧面要留出一个垫栱板槽。十八斗相当于宋式的交互斗，平

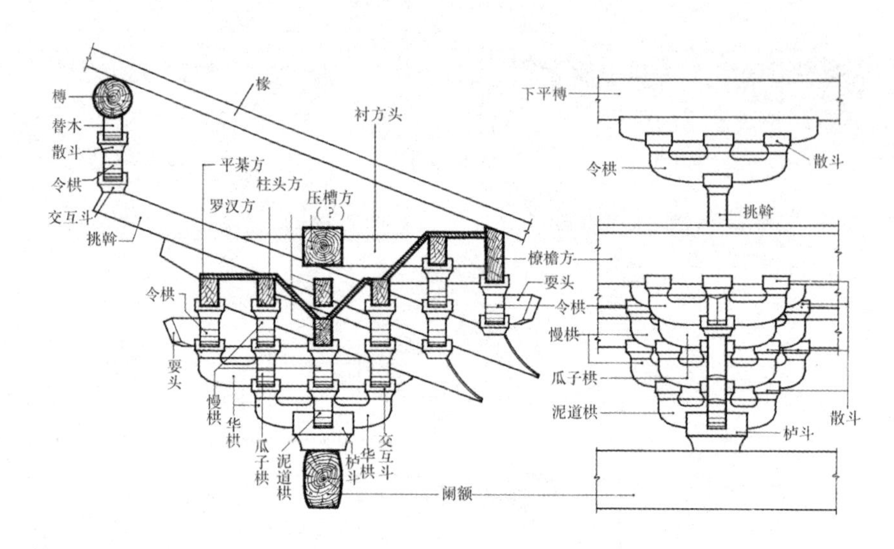

图 3-15　宋式斗栱中各部件的位置

身科上的十八斗，长宽均为 1.46 斗口，高 1 斗口，四成为耳，两成为腰，四成为底，十字开口，口宽 1 斗口。十八斗用于柱头科，由于斗栱上部要承托挑尖梁头，挑尖梁头下的昂和翘由下往上要逐层加宽，因而十八斗也要相应逐层加宽，以便能在其上挖出合适的开口，这种十八斗的宽要比其直接承托的翘或昂宽出 0.8 斗口。三才升相当于宋式的散斗，其长、宽均为 1.46 斗口，高 1 斗口，顺身开口，口宽 1 斗口。槽升子相当于宋式齐心斗，长 1.3 斗口，宽 1.7 斗口，顺身开口，口宽 1 斗口，深 0.4 斗口。

斗栱中沿着立面方向的木块称为“栱”，垂直于栱安置的有翘、昂和蚂蚱头等。栱又有正心栱和内、外拽栱之分。正心栱是在栌斗正上方的栱，位于正心栱外侧的栱称外拽栱，位于正心栱内侧的称里拽栱。由于在整组斗栱的纵中线上要开一道槽安置栱垫板，所以正心栱要比内外拽栱厚 0.25 斗口，以备开槽。内外拽栱厚 1 斗口。栱因其上下位置不同又有瓜栱、万栱、厢栱之分。瓜栱相当于宋式的泥道栱和瓜子栱，长 6.2 斗口。万栱在瓜栱之上，相当于宋式的慢栱，长 9.2 斗口。厢栱相当于宋式的令栱，长 7.2 斗口。正心栱高为 2 斗口，内、外拽栱高为 1.4 斗口（图 3-16）。

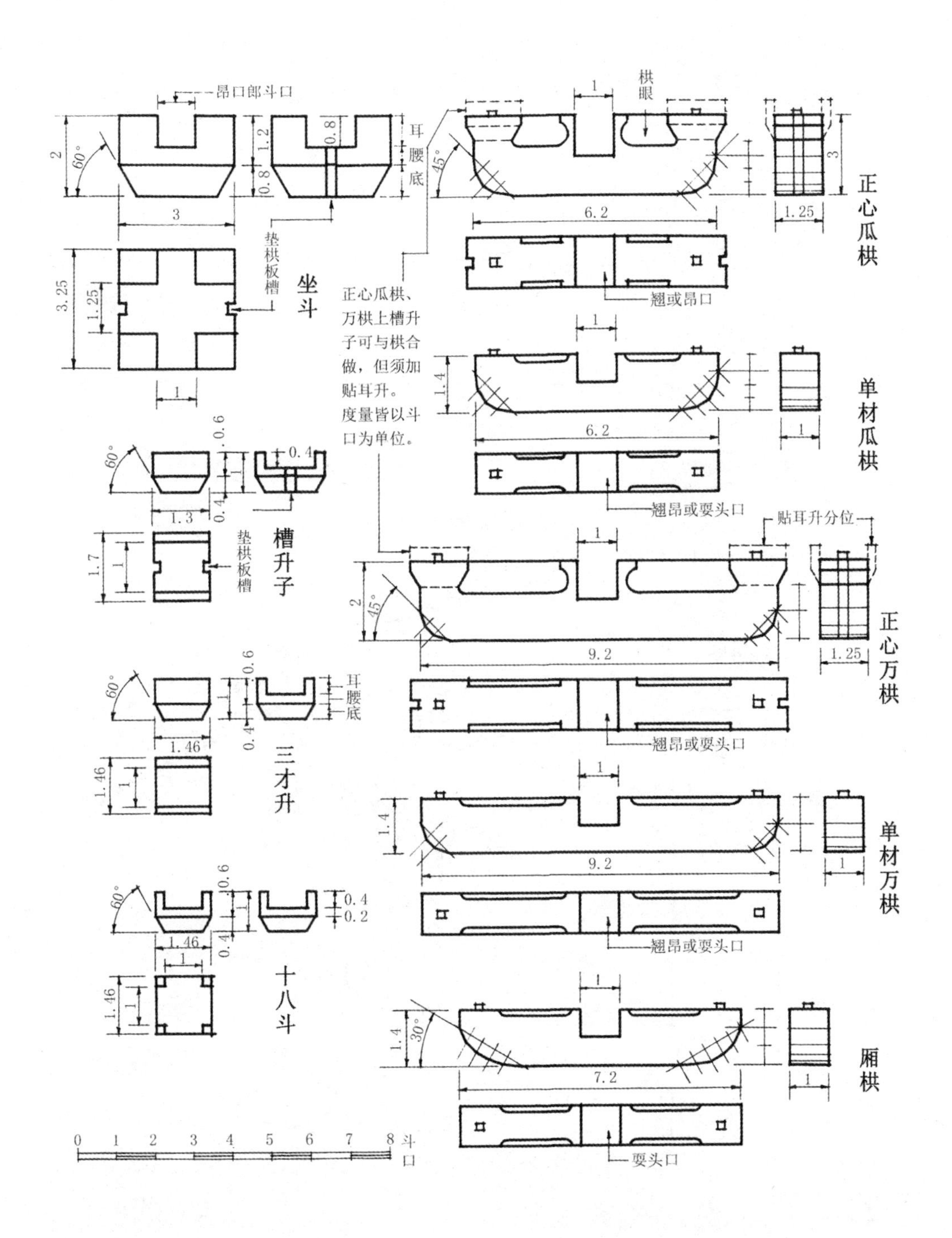

昂口郎斗口
耳
腰
底
垫栱板槽
坐斗
正心瓜栱、
万栱上槽升
子可与栱合
做，但须加
贴耳升。
度量皆以斗
口为单位。
栱眼
正心瓜栱
翘或昂口
单材瓜栱
翘昂或耍头口
槽升子
贴耳升分位
正心万栱
三才升
单材万栱
十八斗
厢栱
耍头口
斗口

图 3-16　清式的斗和栱

翘相当于宋式的华栱，平身科上的翘，高2斗口，宽1斗口，长7.25斗口。清式的昂可以视为前端刻成昂头样式的翘，平身科上的昂的截面与平身科上的翘相同。柱头科上的翘或昂如果从栌斗中伸出的话，其宽均为2斗口。由于栱头科上部要承担宽为4斗口的挑尖梁，在第一跳翘或昂和挑尖梁头之间的翘或昂要由下向上逐渐加宽。蚂蚱头宋称“要头”，长与昂接近，截面与昂相同。柱头科上梁直接向外伸出，就不用蚂蚱头，除非在“溜金斗栱”里，用叫作“蚂蚱头后带称杆”的构件来代替梁头伸出（图3-17、图3-18）。

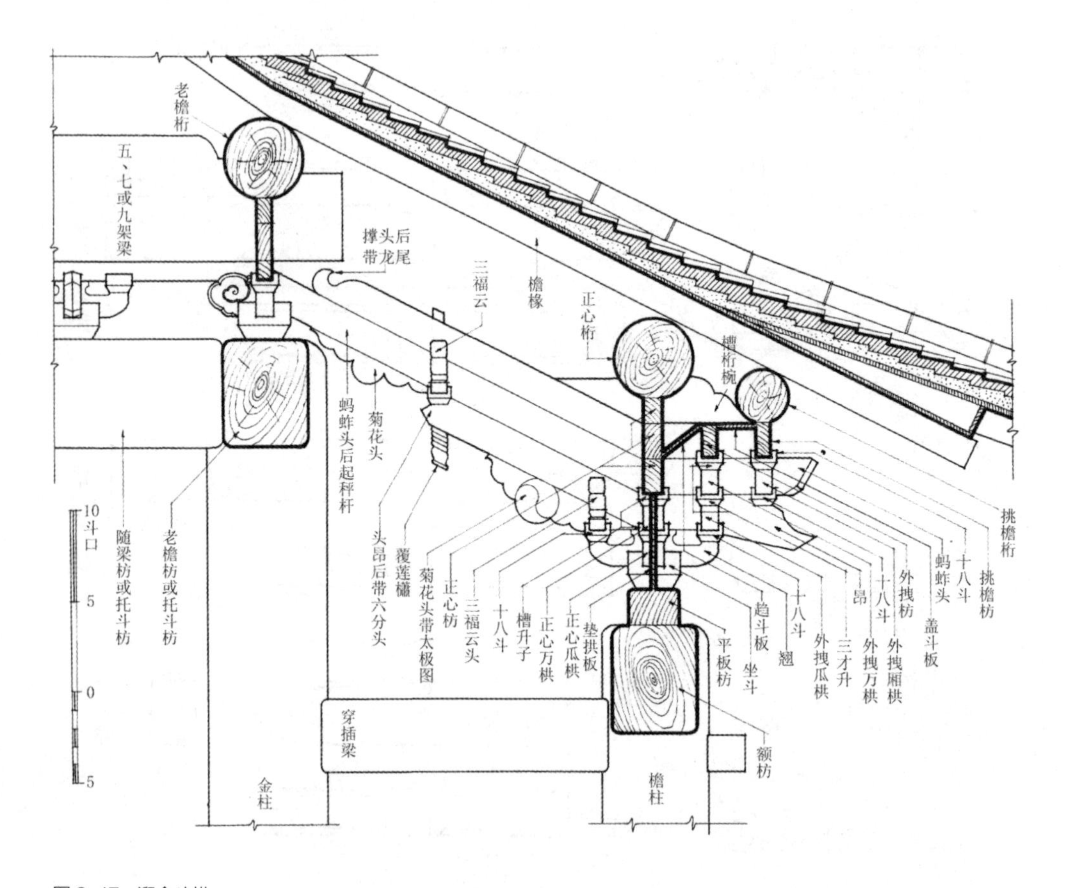

图3-17　溜金斗栱

（注：图中度量皆以斗口为单位。本图以单翘单昂为例，翘昂之数可以增减。起称杆皆由蚂蚱头后起带。）

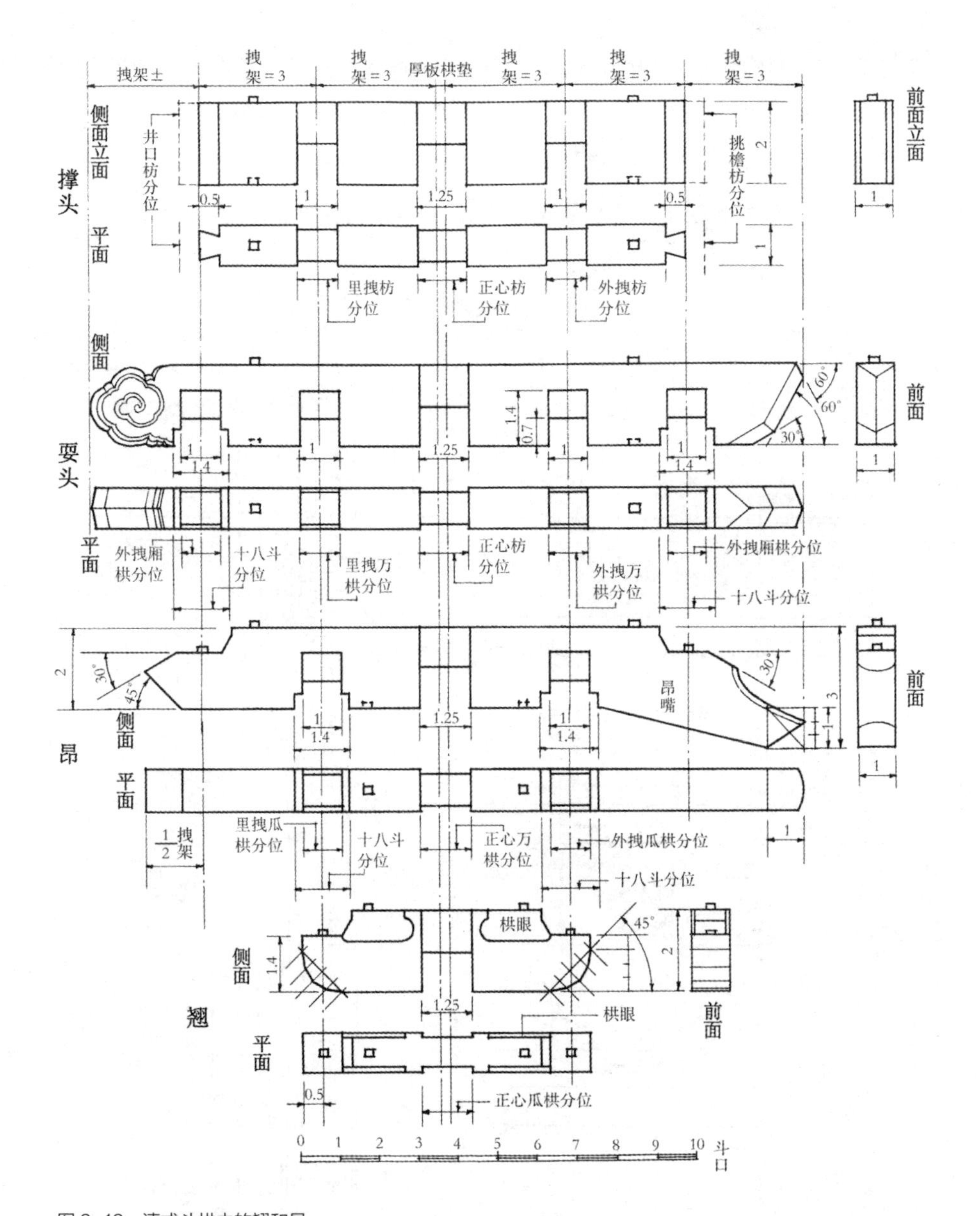

图 3-18　清式斗栱中的翘和昂

（注：翘昂、耍头、撑头长按踩数或拽架数定。踩与踩之间为一拽架，长按 3 斗口。本图以单翘单昂平身斗栱为例。度量皆以斗口为单位。）

清代将斗栱之间起联系作用的木条称作“枋”，位于柱头纵心线上的叫“正心枋”，相当于宋式的柱头方，其断面宽 1.25 斗口，高 2 斗口。

在最里面的枋是井口枋，断面宽 1 斗口，高 3 斗口，在最外边的枋称“机枋”，其余的枋叫“拽枋”，在正心枋以内的叫“里拽枋”，在正心枋之外的叫“外拽枋”。机枋和拽枋的断面与正心枋同。

清式斗栱各分件的位置可参考图 3-19、图 3-20、图 3-21。

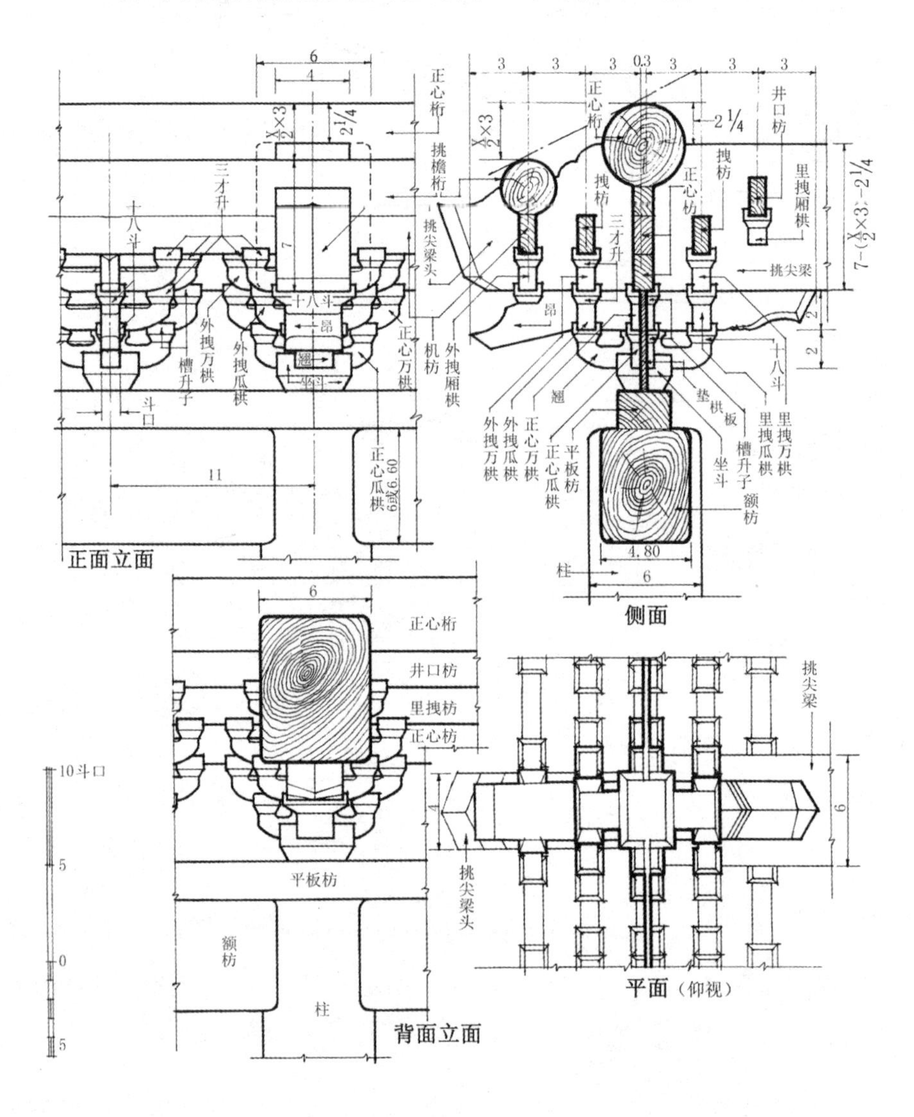

图 3-19　清式柱头科斗栱

（注：本图以单翘单昂为例，翘昂踩数设计人员可酌增减。图中标明度量皆以斗口为单位。x 为拽架数。）

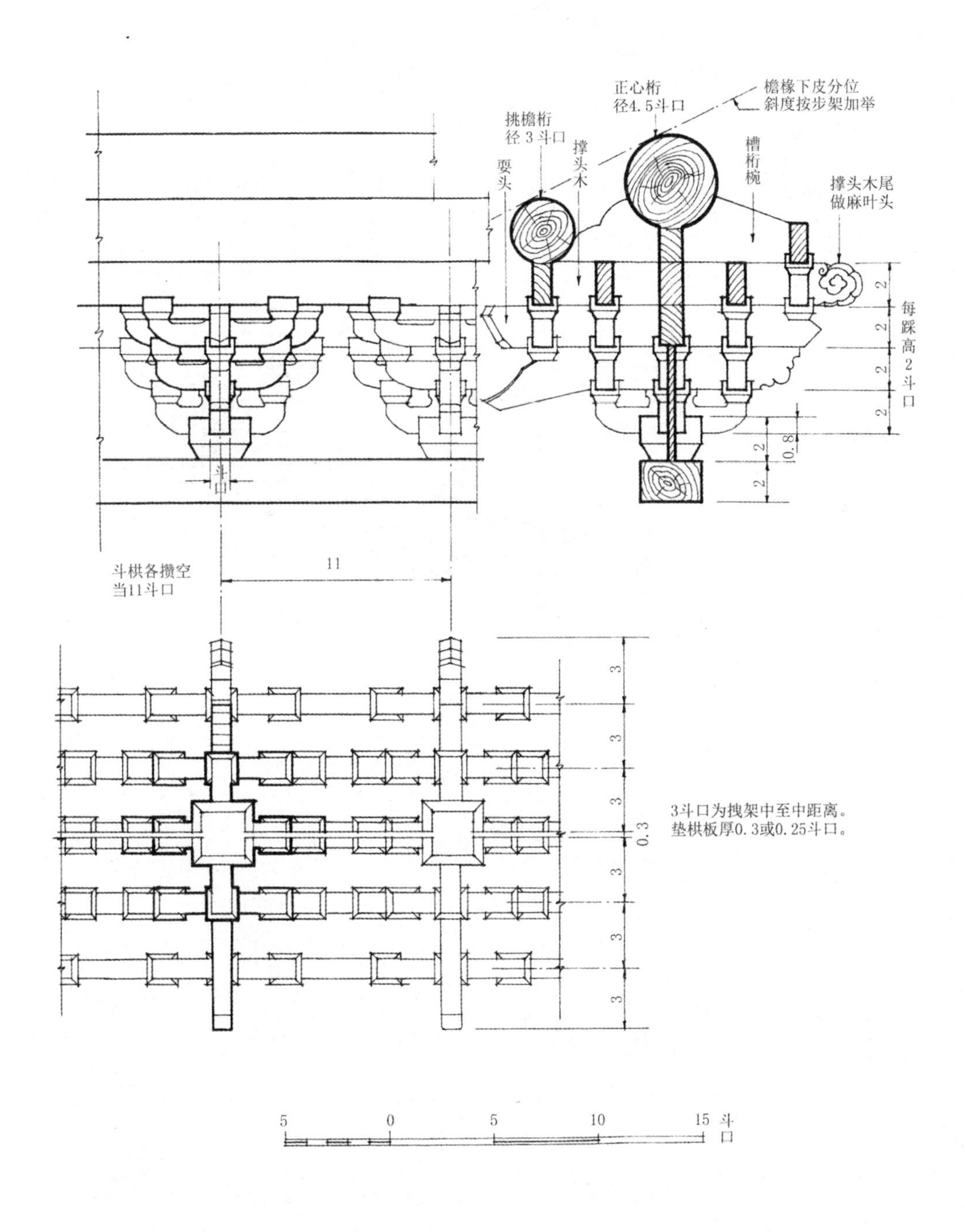

图 3-20 清式平身科斗栱

（注：图中标明度量以斗口为单位。本图以单翘单昂五踩为例，翘昂踩数可由设计人酌定增减。）

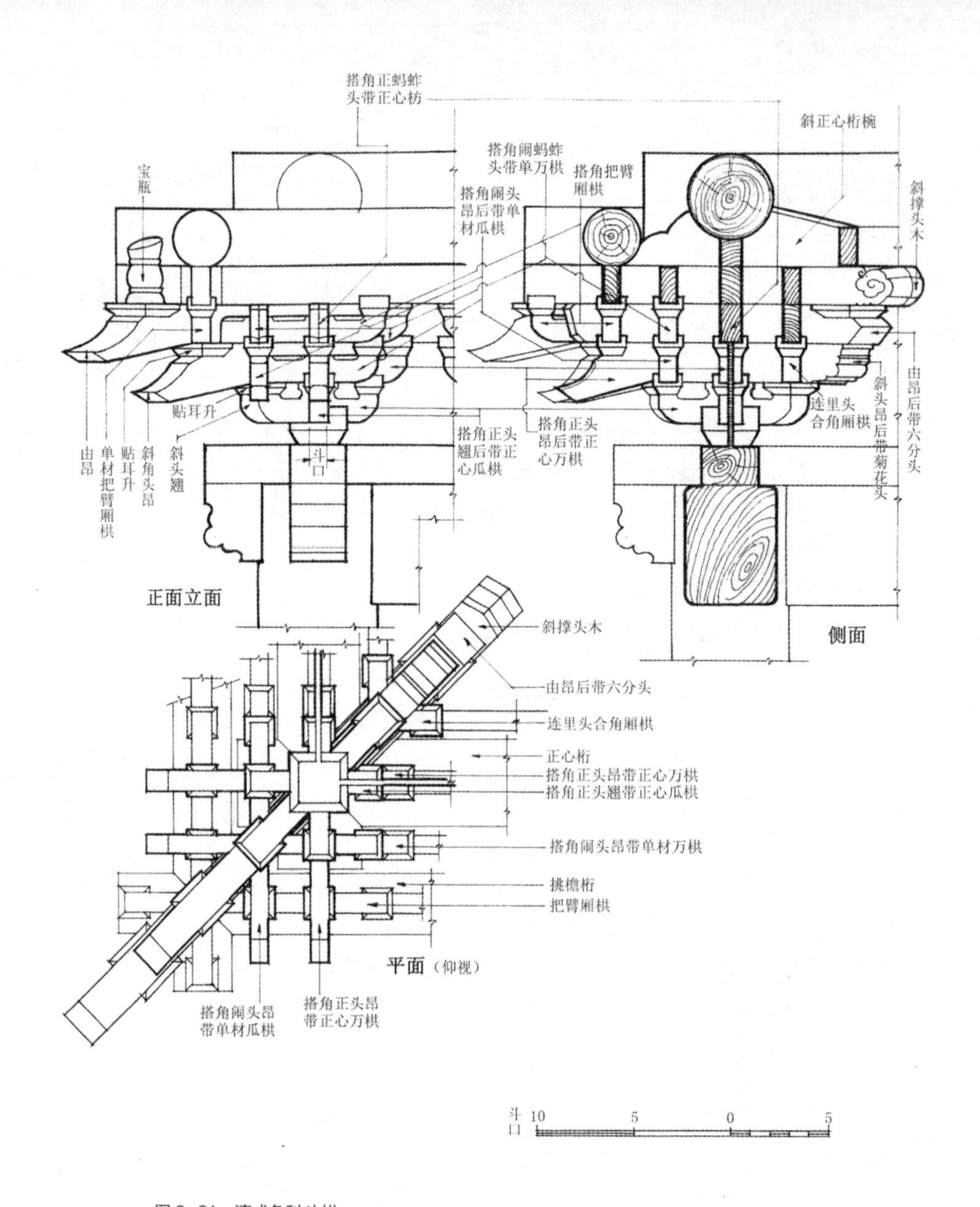

图3-21　清式角科斗栱
（注：图中标明度量以斗口为单位。本图以单翘单昂五踩为例，翘昂踩数可由设计人酌定增减。）

如果建筑为重檐，一般下檐斗栱要比上檐斗栱少一或二跳，若建筑为多层楼阁，则平座斗栱比檐下斗栱少一跳，并且随着层数的增加，斗栱的出跳次数要酌情减少。

斗栱的构件很多，榫卯又很复杂，因此在加工制作时一定要按照规矩，精心操作，只有这样，才能保证各个部件能够顺利地拼在一起。各个构件制成之后，可以将其逐个编号后先在地面上拼装，以便检验其制作质量，并根据需要做局部的调整。每组斗栱都要能够在符合具体尺寸的前提下顺利拼拢。然后可将经过检验的斗栱拆开，在柱头上或额枋上逐层安装，特别是宋式斗栱的安装，要求每层进度一致，不能有的快，有的慢。在安装过程中，要不断地校核斗栱间的关系，相对应的榫卯要上下左右对照，不能偏斜。斗栱越复杂，施工精度要求越高。

第七节
斗栱的作用和宋、清斗栱的差异

斗栱在秦汉及其以前的文献中称为“节”，原是为了改善梁柱间的结合状况而使用的构件。在西周的青铜器上，我们已经能看到十分接近于后世的斗的构件。汉代的墓阙、壁画及画像砖石上所看到的斗栱已经是形制各异，花样繁多（图 3-22）。当时的斗栱出跳，可能有两种情况，一种是使用类似后世枋子之类的构件穿过柱身挑出，另一种可能是用现在所说的插栱来完成的。从力学性能来看，插栱相当于《营造法式》中所说的丁头栱，都是前端挑出的半截子华栱，但丁头栱一般用于室内，插栱则在檐下向外挑出。明清时，在江南的建筑中仍可看到插栱的运用。

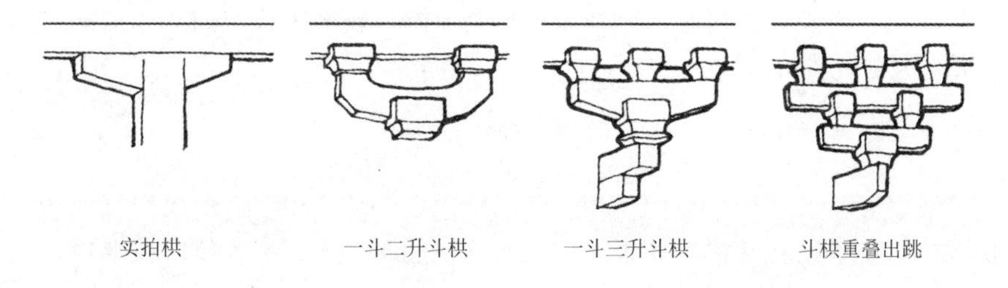

图 3-22　汉代的斗栱

唐宋时，斗栱已从早期的形态走向规范化，其基本形式是在一组斗栱的最下一层置大斗，其上的方木从斗口中挑出。我们已经在上文中分别介绍了宋式斗栱和清式斗栱的制作，下面我们来谈谈它们在结构作用和造型作用上的区别。

斗栱首先可以看成是一个大的节点，柱头上横栱的使用实质上是槫、桁的净跨，将屋顶重量更加平均地传递到柱头上，补间铺作则可将阑额以上的槫、桁与阑额结成一个整体，共同来承担上部荷载。斗栱的出跳，则有助于加大屋檐的挑出距离。宋式斗栱的总体尺寸无论横向还是纵向都远远大于清式斗栱，所以它在减小槫、桁净跨和加大屋檐出挑方面的作用均大于清式斗栱。

宋式补间铺作中的下昂，利用下平槫承受的压力来平衡檐部所受重量，这对于加大屋檐的出挑更为有利，而清式斗栱中已无真昂的使用，故平身科在增加屋檐出挑方面的能力就更弱。从补间斗栱的布置来看，宋式建筑补间铺作多则使用两朵，而清式的平身科则可多达八攒，这么多结构意义不明确的构件插入建筑总体，不能不说是一项负担。

宋代柱头铺作在构造上与建筑的梁架有机结合，浑然一体，但梁头进入斗栱后，其断面仅保留一足材，使其承受重量的能力大幅度削弱。而清式梁头进入斗栱后，砍削较少，其断面远远大于平身科翘头的断面，并且用梁头直接承受挑檐桁，从总体结构方面着眼，或者可以说宋式木构主要是用铺作来加大建筑的出檐，而清式木构则主要靠梁头来保证建筑檐部的挑出。

从斗栱本身来看，其结构作用是退化了，但这个退化中却蕴含着进化，正是由于斗栱在结构整体中地位的下降，较之宋代，清式木构的结构整体性大大地加强了，正是如此，我们大致可以说，相对于宋式斗栱，清式斗栱在装饰方面的意义得到了更多地强调。

对于一组斗栱，在出跳相同的情况下，清式斗栱在立面上所占的比例远远小于宋式斗栱，如果还按宋式斗栱的布置方式来安排清式斗栱，那么斗栱在视觉上的意义便不会明确。解决斗栱变小带来的造型问题，恐怕是造成清式斗栱采取密集布置方式的原因之一，密集布置的斗栱在檐下形成一个带状物来达到其装饰的目的。斗栱的大小和布置方式的差别，造成了建筑风格上的差异，一般来说，宋式建筑清朗、俊秀，而清式建筑则繁密、华丽。

相同跳数的宋式斗栱，柱头铺作和补间铺作的正立面是相同的。对于宋代建筑，如果柱头铺作和补间铺作的跳数相同，柱头铺作和补间铺作的区别是靠柱子的指示来达到的，柱头铺作依靠柱子的指示，使其在视觉上的分量大于补间铺作，从而形成微妙的韵律感。清式斗栱布置密集，单靠柱子的指向恐怕很难使柱头从整个装饰带中凸现出来，幸而柱头科和平身科在立面上是不同的，这样才使檐下斗栱排列具有一定的节奏，使之不致流于呆板。

第八节
屋身其他部分的制作

就中国古典建筑的屋身来说，围护与装修是不可缺的部分，它们为建筑的使用提供了不可缺少的条件，同时它们又是技术和艺术的综合表现。在当时的社会条件下，建筑装修集中体现了石匠、木匠、铁匠、铜匠等等的工艺水平，内容十分丰富，由于另有专著，这里不作详细介绍，下面我们结合建筑的营造，将这部分分为墙壁和内外檐装修两个部分，分别给以简单的说明。

唐、宋建筑的墙，多是用土坯和夯土构成的，为了加强墙体对潮湿和飘雨的抵抗能力，改善室内环境，在墙的表面抹灰、粉刷，在墙体根部用砖石垫砌。这种墙壁一般造得很厚，《营造法式》中规定建筑外墙厚为墙高的1/4，墙体由下向上逐渐收缩，收缩率为6%（每侧每高1尺收3分）。明清时，虽然多用砖墙，但墙的尺寸和形式仍然深受土墙形式的影响。

清式建筑中墙壁位置不同，名称各异。正面檐柱间的墙为檐墙，山面的墙叫山墙，廊下檐柱与金柱间的墙是廊墙，金柱间与檐墙平行的称“扇面墙”，与山墙平行的为隔断墙，窗下的称槛墙。

清代建筑的外墙厚为柱径的 4 倍，既可以将柱子全部包入墙内，也可以留出八字形的“柱门”，使柱子的 1/4 周长暴露出来。内墙和槛墙厚为柱径的 1.5 倍，留出柱门。 墙的材料有土、土坯、砖、石等，即使用砖砌墙，仍然要做“收分”。在立面墙高的 1/3 处，使用一块条石，称“腰线石”，腰线石上皮以下的部分称“下肩”，以上则称“上身”。土坯墙和砖墙的砌筑方式有多种（图 3-23）。

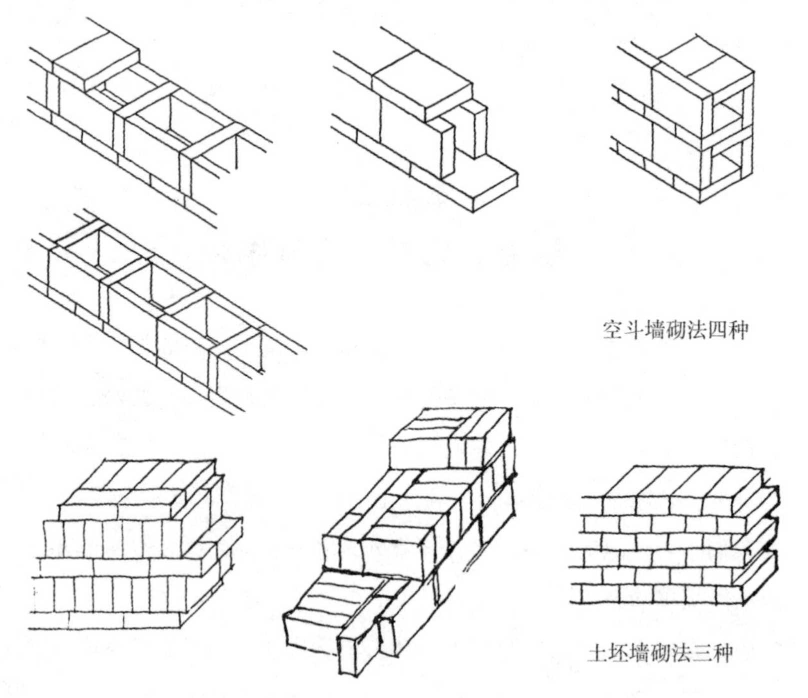

图 3-23 几种不同的墙体

大式建筑的檐墙，砌到额枋下皮，小式建筑的檐墙，则可以砌到梁头之下。还有一种称为封护檐墙的，是将墙直砌到檐下，将木构部分完全盖住（图 3-24）。

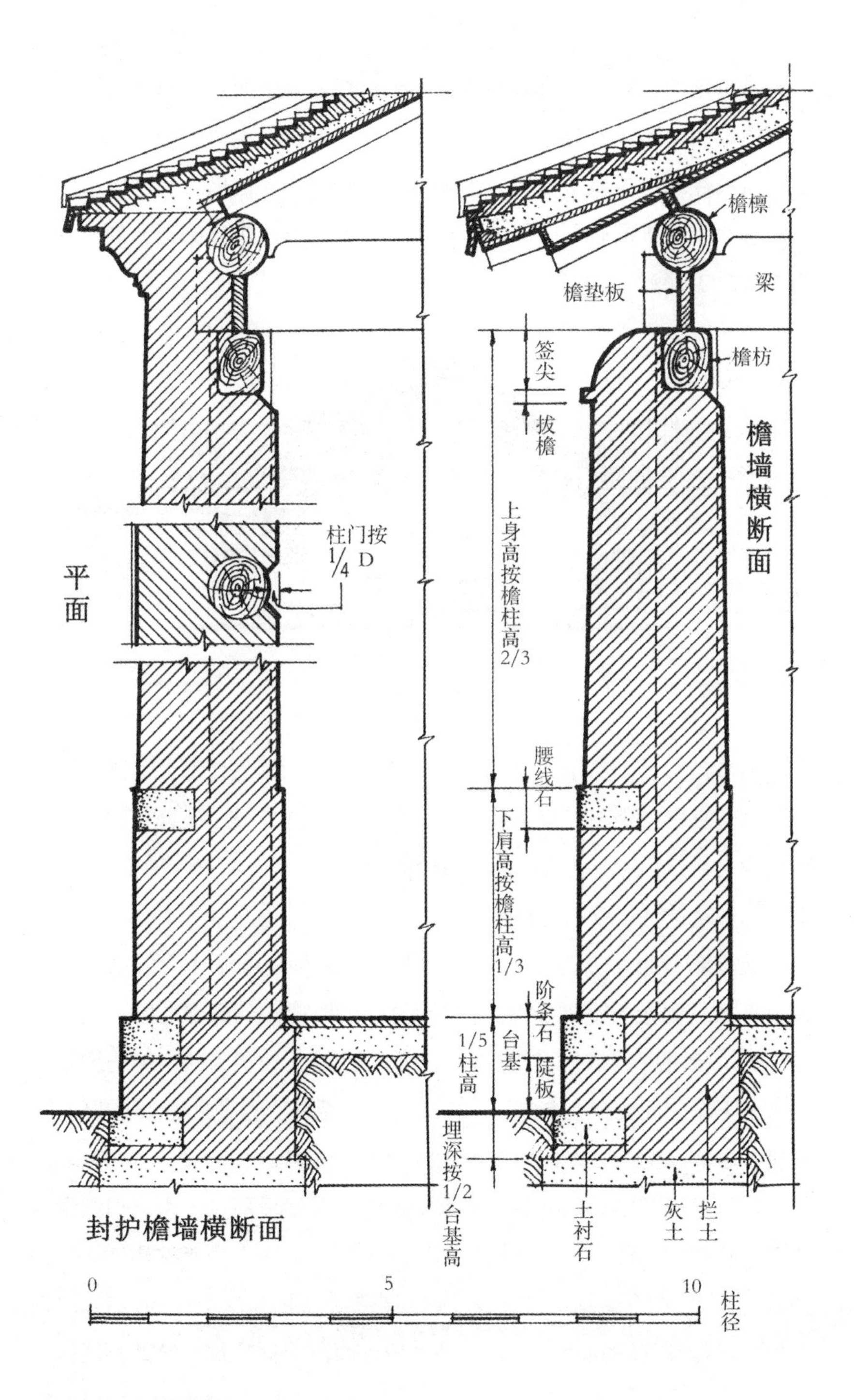
檐檩
梁
檐垫板
檐枋
签尖
拔檐
檐墙横断面
上身高按檐柱高2/3
柱门按
1/4 D
平面
腰线石
下肩高按檐柱高1/3
阶条石
1/5柱高
台基
陡板
埋深按1/2台基高
土衬石
灰土
拦土
封护檐墙横断面
0
5
10
柱径

图 3-24 清式檐墙构造

悬山顶的山墙可一直砌到檐下，也有将上部梁架露出称作“五花山墙”的做法（图 3-25）。硬山山墙则要在上部相当于风板的位置用砖砌成搏风板样式，搏风下有用砖叠砌出的残脚称作“拔檐”。硬山山墙上部还有称作“挑檐石”的部分，从墙里向前挑出，挑出的部分刻成“墀头”（图 3-26）。

图 3-25　五花山墙

装修是门窗、格扇的总称。外檐装修是建筑物内外部分的隔断，内檐装修是室内的隔断。因为有柱子担负了承重的任务，装修自身的形式就较为灵活自由了，既可以是不通透的板壁，又可以将其一些部分镂空，做成各种装饰性很强的花饰。

装修本身也可以分为起构架作用的框槛和起填充作用的格扇或门板。框槛是固定不动的部分，格扇是可动的部分。框槛之中，竖立的为“框”，横的叫“槛”，在枋下的称为“上槛”，在地上的叫作“下槛”，位于上下槛之间的为“中槛”。在框槛中安置的可动部分是格扇或门板，上槛和中槛间的为横披，中槛与下槛间的是门窗。

门有板门和格扇门两种，早期的建筑上多用板门，后来板门则主要用在建筑群的大门上。清代板门门扇部分用“大边”和“抹头”构成最外圈的骨架，在上下抹头之间还使用“穿带”加固，在这个骨架上安置“门心板”。在高规格的建筑中，门朝外的一面，根据建筑等级的不同可用五路、七路、九路乃至十一路门钉，门钉的路数越多，建筑的等级越高。

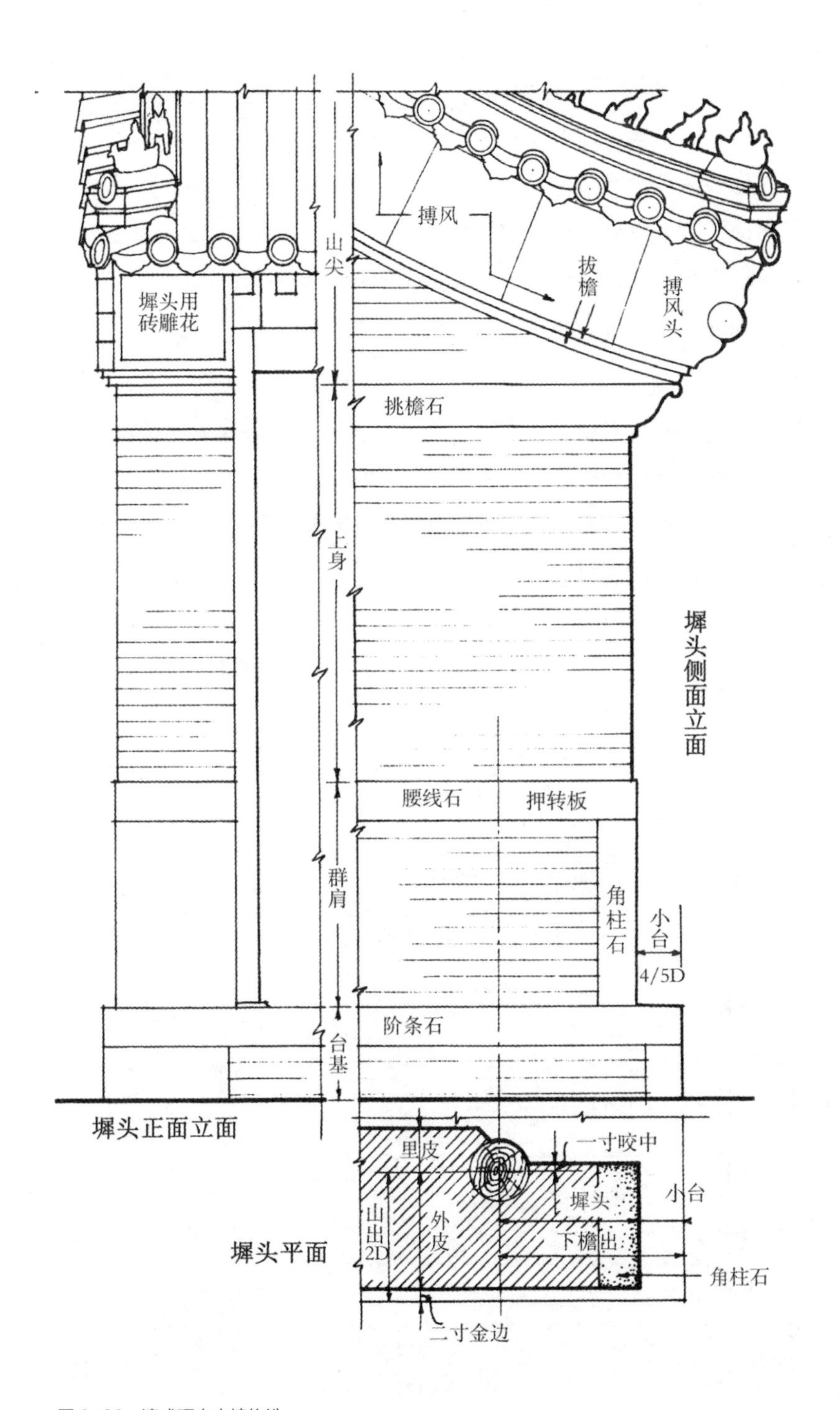

图 3-26　清式硬山山墙构造

门的外面还要安“门钹”，门钹相当于现在的门把手。门内还有插关，以闭锁大门。在大门的中槛上，还有刻成一定花样的门簪，它是用来固定连楹的构件，同时又具有十分重要的装饰意义（图 3-27）。格扇门的门扇部分也可以分为起构架作用的边挺、抹头和起填充作用的格心与裙板。格心在上部，是通透的部分，中间布置各种花饰的棂子，棂子后面可以裱糊纸、纱或安装玻璃。裙板在下部，是实板，上面可以镌刻线脚花纹（图 3-28）。早期格扇格心部分多为直棂或破子棂，所谓直棂，是使用断面为方形或矩形的木条正面上下垂直布置，破子棂则是用断面为三角形的木条以其棱角向外上下垂直布置（图 3-29）。宋代开始，窗棂的样式逐渐多起来了，艺术风格渐趋华丽精巧（图 3-30）。清代北方地区普遍地使用支摘窗（图 3-31）。

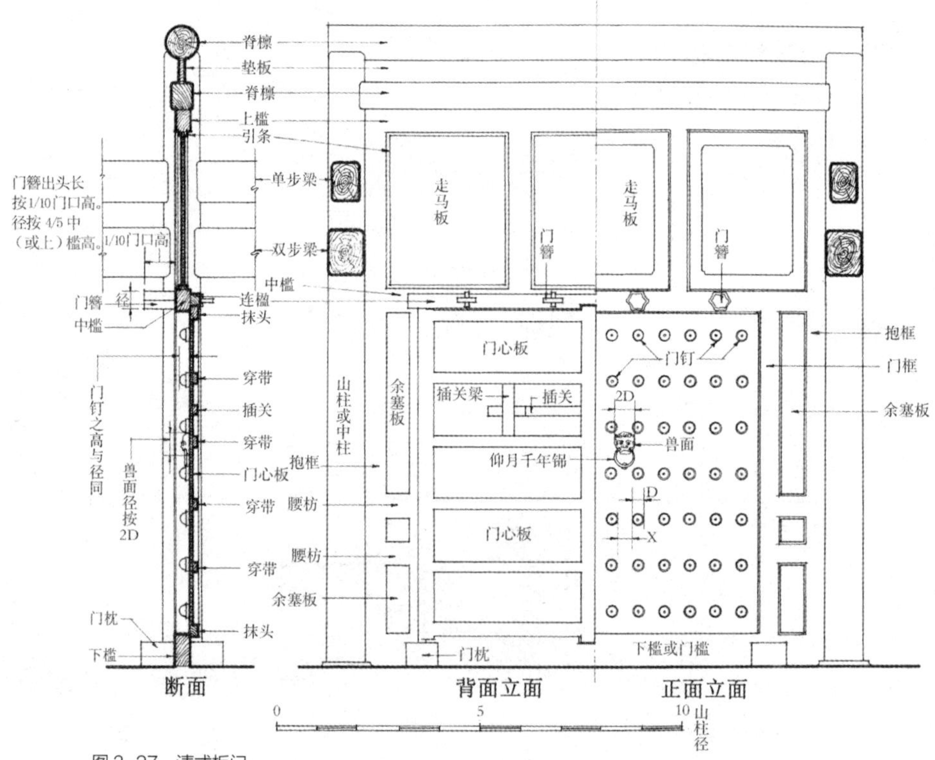

图 3-27　清式板门

（注：X 为门钉间空档，D 为门钉径。如果钉九路，X 按 1D；七路 X 按 $1\frac{1}{2}$D；五路 X 按 2D；门口宽窄高低由设计人员酌定。）

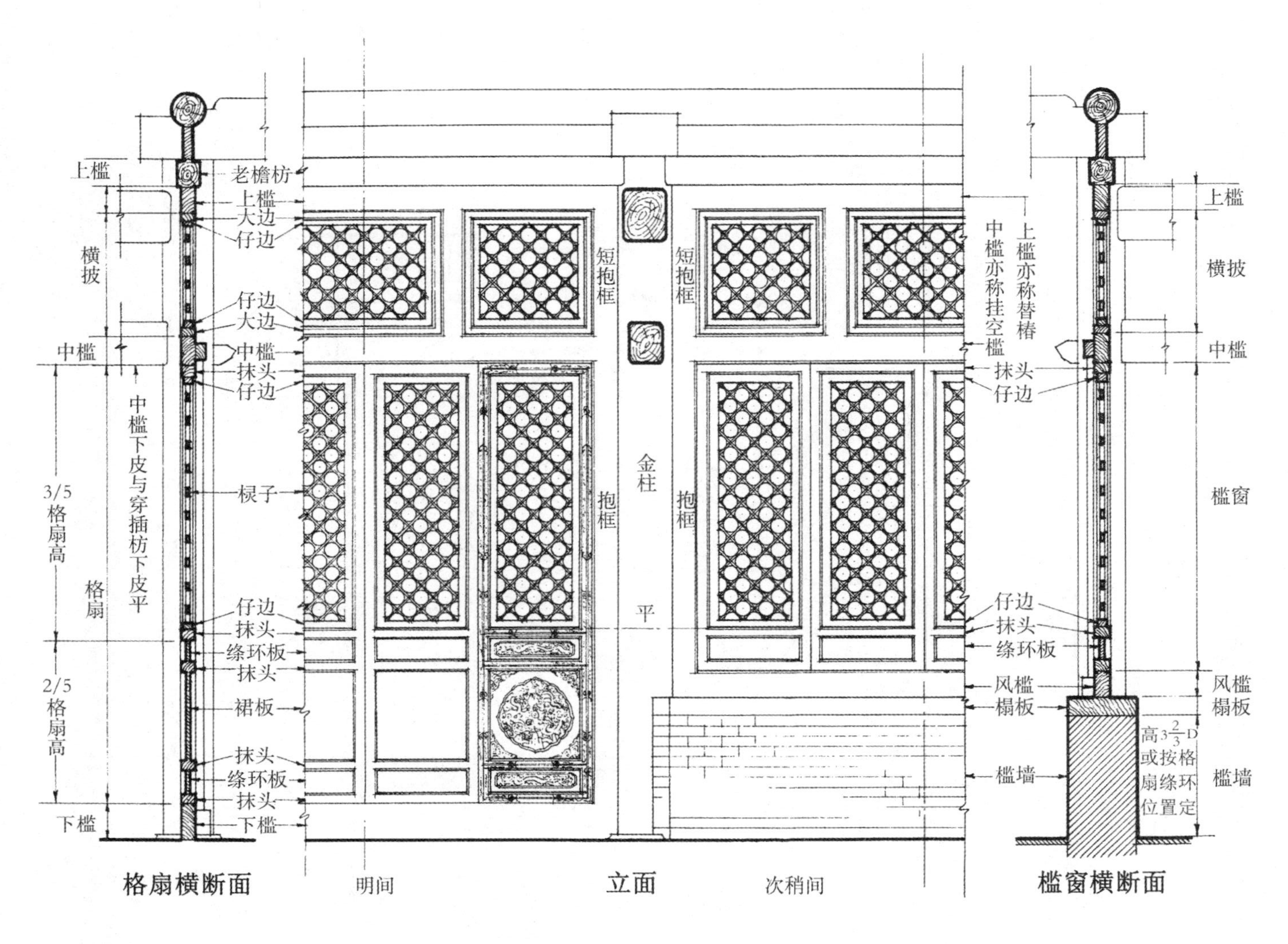
上槛
横披
中槛
3/5
格扇高
格扇
2/5
格扇高
下槛
中槛下皮与穿插枋下皮平
老檐枋
上槛
大边
仔边
仔边
大边
中槛
抹头
仔边
棂子
仔边
抹头
绦环板
抹头
裙板
抹头
绦环板
抹头
下槛
短抱框
抱框
金柱
平
短抱框
抱框
上槛亦称替椿
中槛亦称挂空槛
抹头
仔边
仔边
抹头
绦环板
风槛
榻板
槛墙
上槛
横披
中槛
槛窗
风槛
榻板
高$3\frac{2}{3}$D或按格扇绦环位置定
槛墙
格扇横断面
明间
立面
次稍间
槛窗横断面

图 3-28 清式格扇门

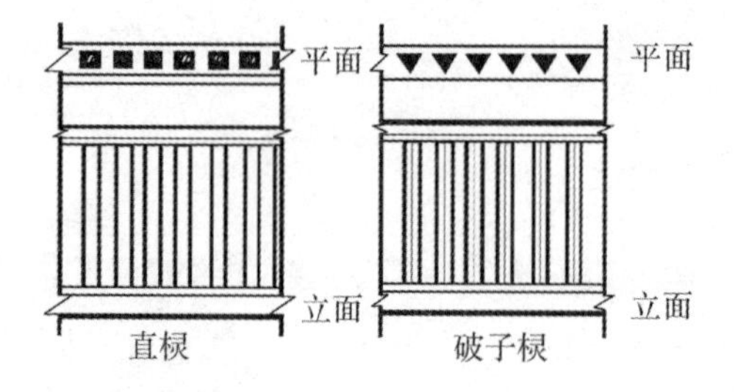

图 3-29　直棂和破子棂格心示意

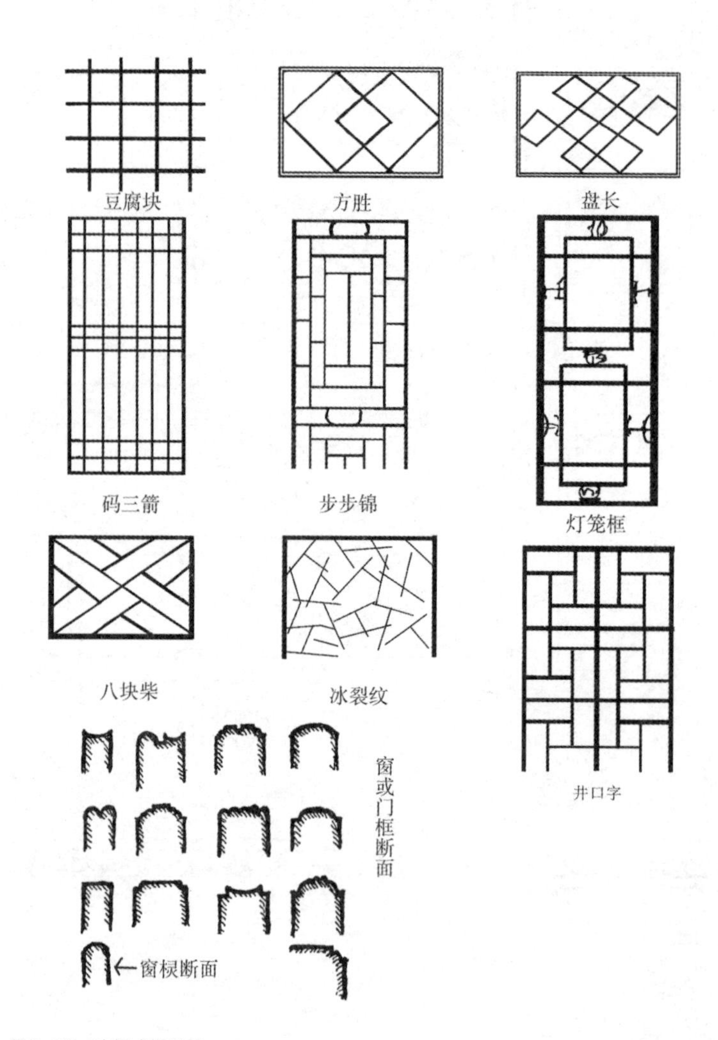

图 3-30　窗棂式样举例

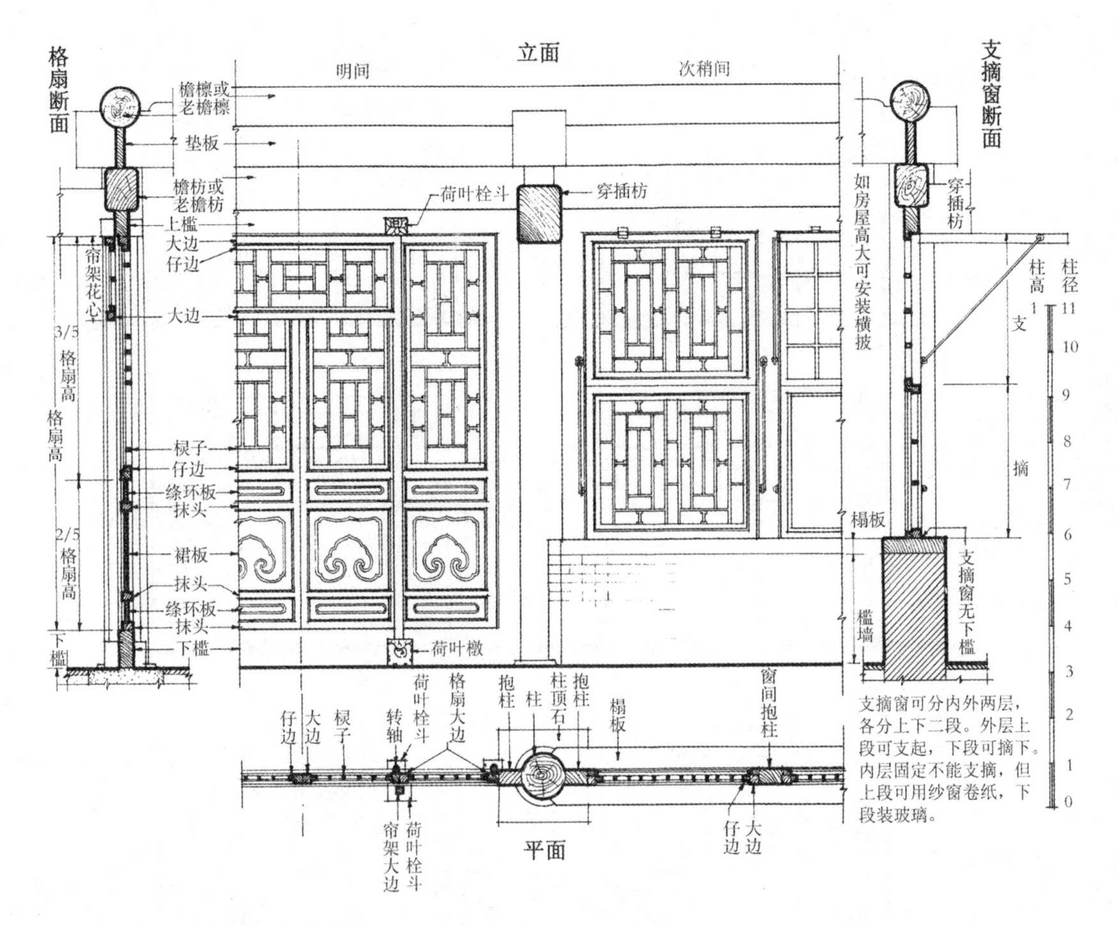

图 3-31　清式支摘窗及格扇门

通过上面的叙述，我们可以发现一个有趣的规律，即：中国古代木构建筑，从大到小，都是由构架和填充部分组成的；柱梁是房屋的整体构架，墙和装修是填充部分；装修则以框槛为构架；格扇是填充部分；格扇的边挺与抹头为构架，格心和裙板等是填充部分；格心又以棂子为构架，纸、纱或玻璃成为填充部分。这种规律，正反映了构架体系建筑的加工特点。

在室内必要的地方，还可以安置板壁或格扇，起分隔空间的作用。另外还可以用“罩”来划分空间，使各种空间之间隔而不断，开敞通透，罩有多种花样，具有强烈的装饰效果（图 3-32）。

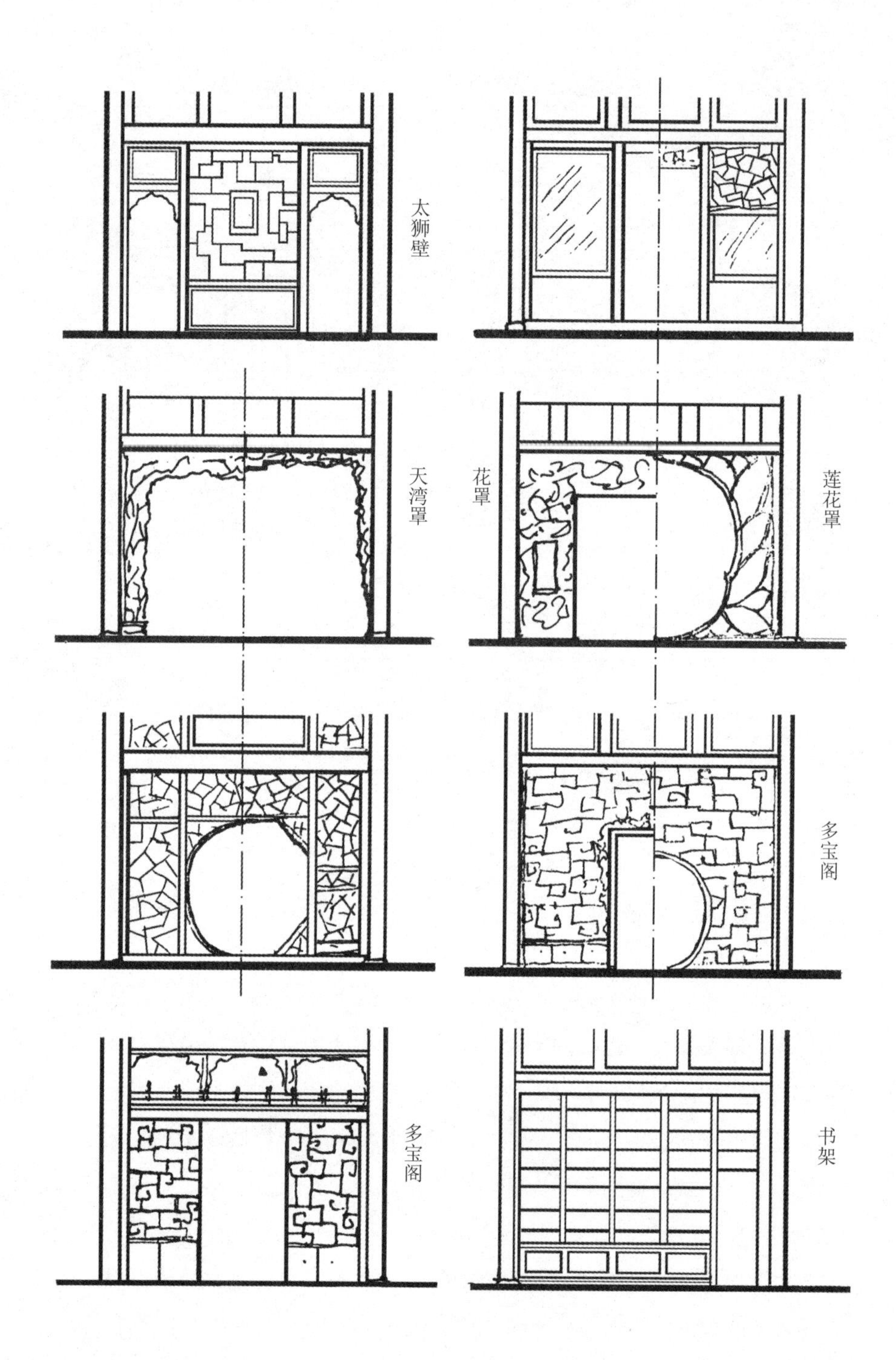

图 3-32　内檐装修数例

在高级建筑的室内上部，往往安有吊顶。宋代的吊顶主要有平闇和平棊两种形式，平棊是比较高级的做法，它用方木相交构成正方形、长方形或多边形的格子，上面盖上木板，木板上“贴络花纹”（图3-33）。平闇则是用方木构成方形的格子，格子的尺寸小于平棊的格子，上盖木板，木板上不用花纹（图3-34）。清代的吊顶称为“天花”，用称为“支条”的方木条纵横交叠形成方格，每个方格称为一井，并内于支条上安“天花板”，天花板上施有花纹（图3-35）。

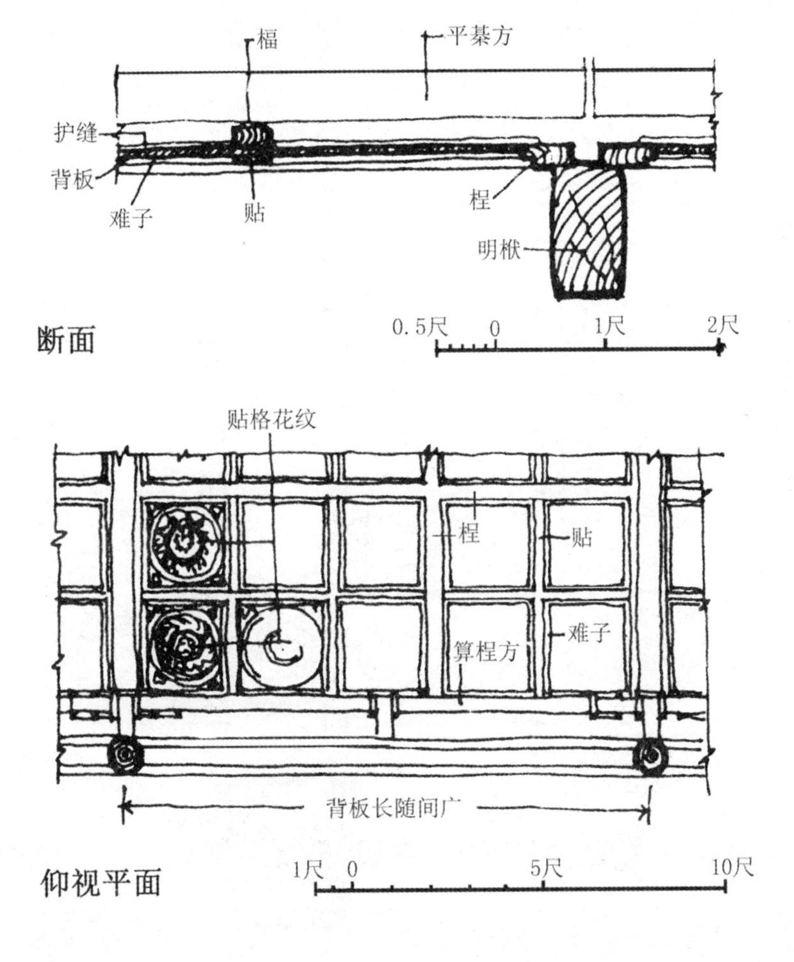

图3-33 宋式平棊

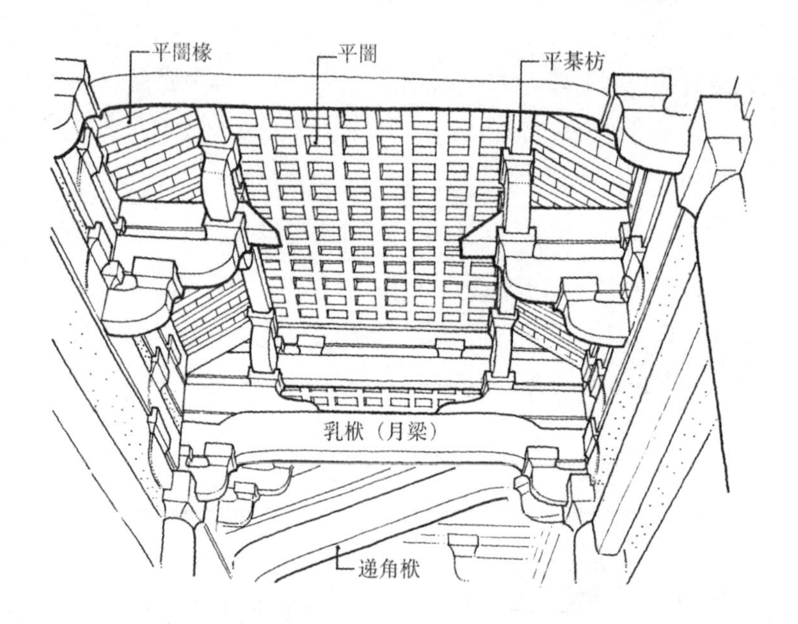

图 3-34　平闇

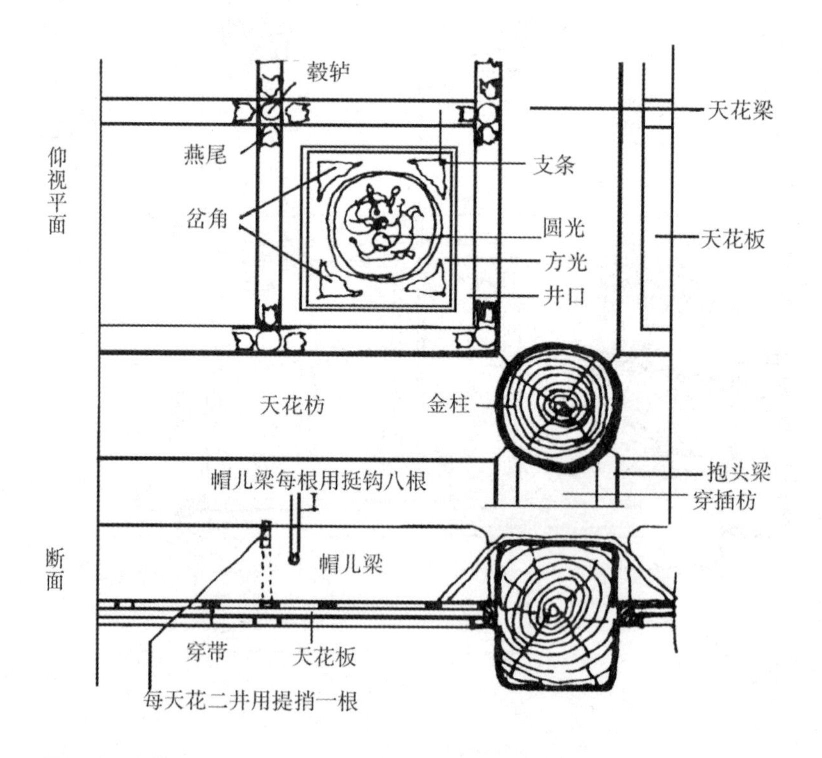

图 3-35　清式天花

藻井可以视为一种高规格的天花，早期的藻井有覆斗和斗四等式样（图3-36）。后世在这些样式的基础上发展出了种种复杂的做法（图3-37）。藻井一般布置在室内最重要部分的上方，以示与其他部分的不同。

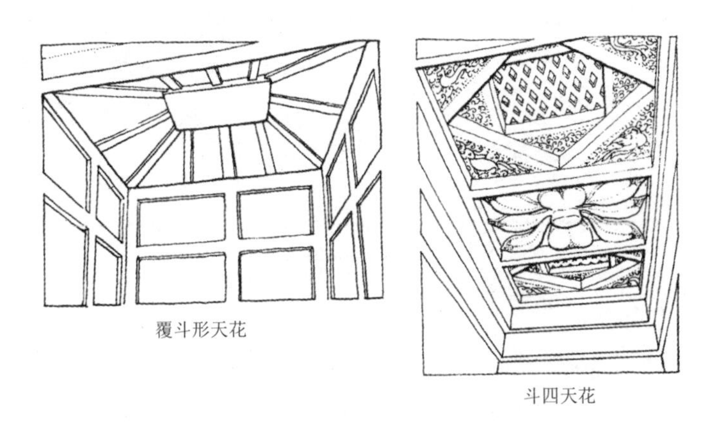

图3-36　早期藻井式样

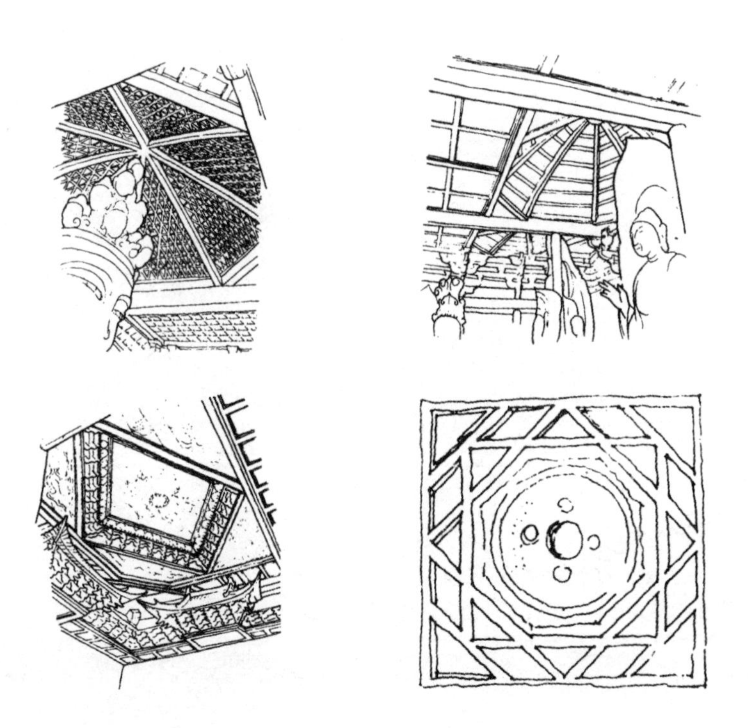

图3-37　各种花样的藻井

第四章　屋顶的构造

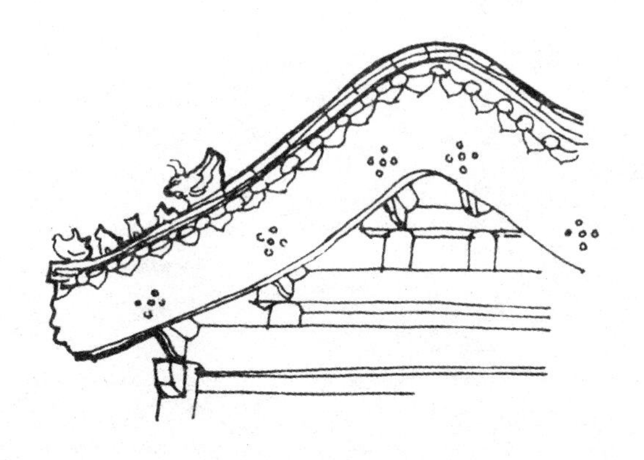

第一节
概　述

屋顶是中国古典建筑造型的重要部分，有人称屋顶为中国建筑的“第五立面”，可见屋顶对于中国古典建筑造型的意义。对于一个不熟悉中国古典建筑的人来说，最使他感到新异的恐怕就是屋顶了。人们把中国古典建筑叫作“大屋顶”建筑，就是用屋顶形式来概括中国古典建筑的特征的。屋顶形式不同，可以给人以不同的艺术感受，中国木构建筑的屋顶有多种形式，常用的有庑殿顶、歇山顶、悬山顶、硬山顶、攒尖顶等（图4-1）。

中国古典建筑的屋顶以其具有丰富的曲线而著称。例如，建筑的正脊往往不是一条直线，而是一条两端翘起的弧线，屋面也不是一个由上向下的平直斜面，而是通过一系列的构造处理，使之成为一个弯曲的弧面。这些处理方式与飞檐翼角的做法相互配合，使整个屋顶呈现出飞动之势，给人以特殊的艺术感染力。

关于中国古典建筑屋顶曲线的来源，历来有各种解释，有人根据《考工记·轮人》中的“上欲尊而宇欲卑，上尊而宇卑，则吐水疾而溜远”句，认为造成凹曲屋面是为了便于雨水的排泄。有人根据汉赋中的“上反宇以盖戴，激日景而纳光”[1]句，认为造成屋面凹曲是为了改善室内的采

1.［汉］班固. 西都赋.

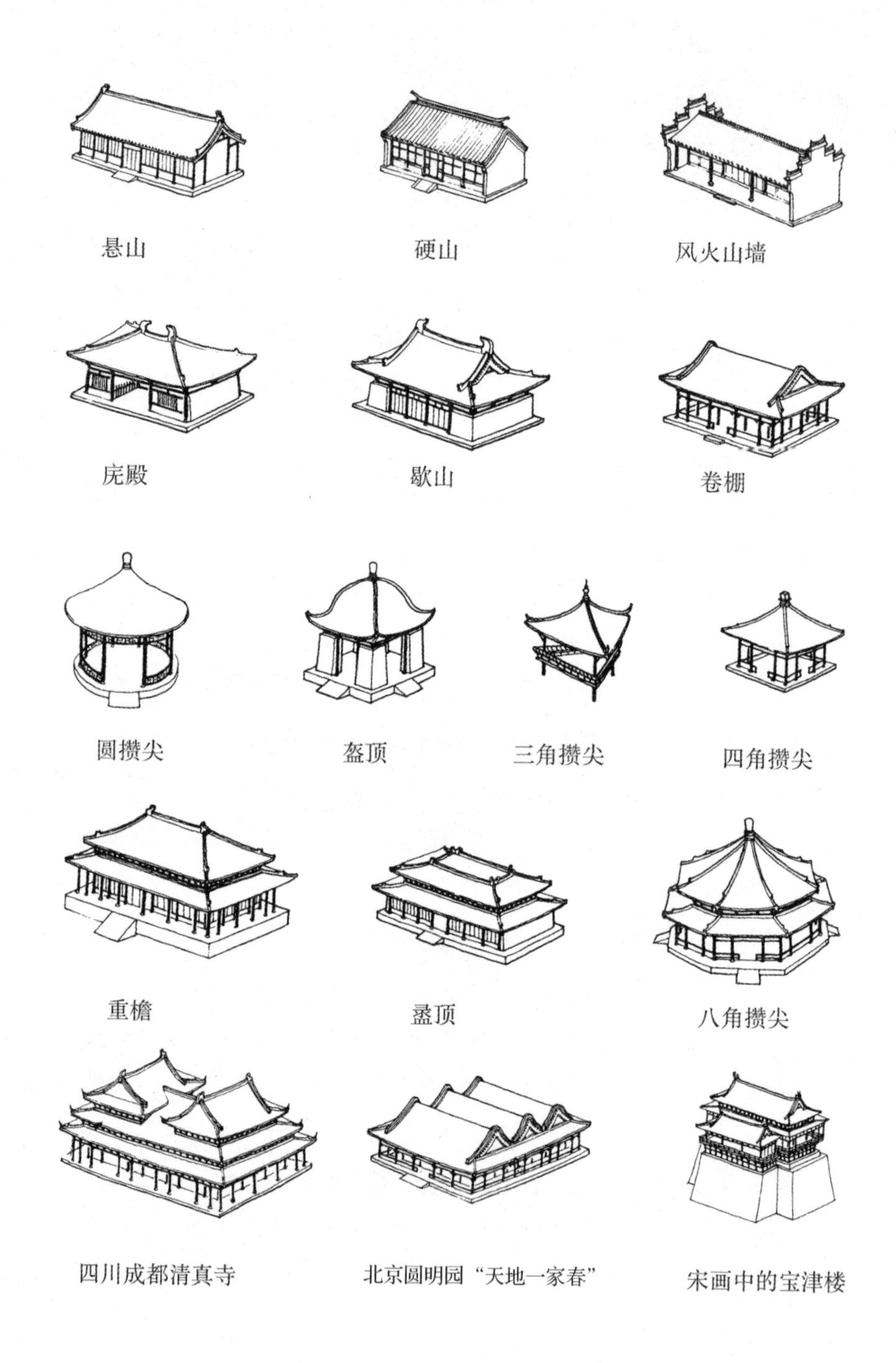

图 4-1　中国古代建筑的各种屋顶形式

光条件。有人认为屋面曲折是为了让瓦片间的搭接更加密实，从而改善屋面的防水效能。有人则认为屋顶曲线来源于早期营造中因施工不精确而造成的主体建筑和附加廊庑屋顶坡度的不一致。最近又有人提出，中国古典建筑各个部位上的曲线的形成，都与用建筑模仿凤鸟图形的努力有关。

不管中国木构建筑的屋顶具体形式如何，从营造的角度看，却可以认为最基本的屋顶样式是普通的两坡顶，用两坡顶便可以通过不同的组合衍化出其他各种屋顶的基本形态，在这些基本形态上稍加变异，做出必要的曲线，便可得到大屋顶的各种样式。如庑殿顶可以看作是两个两坡顶组合后经过变异而成，歇山顶则可视为庑殿顶和经过变异的两坡顶组合而成，四角攒尖可以认为是正脊缩为一点的庑殿顶。当然也有不能很方便地归入到这种理解方式中去的屋顶，如圆的攒尖顶，但从几何学的概念来看，将其纳入上述理解方式中去仍然是可能的。

屋顶部分不仅包括梁（栿）、檩（槫）等木构部分，也包括砖、瓦等覆盖部分，这里我们先讲木构部分的制作。

第二节
屋顶各种木构件的位置、尺寸和名称

屋顶部分的大木构件最基本的有梁和檩、坐在梁上支撑上部梁架的短柱或木墩、联系各梁架的构件，以及直接承担屋面瓦体的椽子、望板等。

《营造法式》中称梁为“栿”，栿是按照它上面总共所有的椽子数目来命名的，栿上有六根椽子的称为六椽栿，有八根椽子的则称为八椽栿。虽然建筑主体部分可以深达十二椽，但按《营造法式》，栿的最大净跨为八椽，以椽平长 150 分°计，则梁的最大净跨不超过 1200 分°。

宋代梁栿还有“明栿”和“草栿”的区别。明栿是指在通常情况下室内可以看到的梁栿，草栿是指在吊顶以上通常见不到的梁栿。厅堂建

筑一般采用“彻上明造”，即室内不用平棊或平闇，各层梁架暴露可见，均为明栿。草栿在吊顶之上，因而其表面不加特别处理以节省工料，而明栿则要求加工细致，不仅要求表面光洁，而且往往做成月梁的样式。月梁即梁背两头加工成向下弯曲的弧面，梁底两头又加工成向上弯曲的弧面，梁中段微微拱起，形似一弯新月的梁栿。其具体做法和各部分的尺寸，可参见表 4-1、表 4-2 及图 4-2。

表 4-1　月梁形制表

项目	梁背卷杀瓣数		梁背卷杀每瓣大小		两肩卷杀瓣数		梁首尾处理				下顱瓣数		下顱每瓣大小	
	梁首	梁尾	梁首	梁尾	梁首	梁尾	斜项长	下高	下顱	琴面	梁首	梁尾	梁首	梁尾
明栿	6	5	10 分°	10 分°	4	4	38 分°	21 分°	6 分°	2 分°	6	5	10 分°	10 分°
乳栿	6	5	10 分°	10 分°	4	4	38 分°	21 分°	6 分°	2 分°	6	5	10 分°	10 分°
平梁	4	4	10 分°	10 分°	4	4	38 分°	25 分°	4 分°	1 分°	4	4	10 分°	10 分°
札牵	6	5	8 分°	8 分°	4	4	38 分°	15 分°	4 分°	1 分°	3	3	8 分°	8 分°

表 4-2　月梁材分°及尺寸表

等级			殿阁月梁								厅堂月梁							
名称			梁栿			乳栿	札牵		平梁		梁栿			乳栿	札牵		平梁	
铺作等第			未规定	未规定	未规定	未规定	未规定	未规定	未规定	未规定	未规定	未规定	未规定	未规定	未规定	未规定	未规定	未规定
椽架范围			四椽栿	五椽栿	六椽栿	（或三椽栿）	出跳	不出跳	用于四至六椽栿上	用于八至十椽栿上	四椽栿	五椽栿	六椽栿	（或三椽栿）	出跳	不出跳	用于四至六椽栿上	用于六至八椽栿上
断面材分°	高	明栿 / 草栿	50 分°	55 分°	60 分°	42 分°	35 分°	（26 分°）	35 分°	42 分°	44 分°	49 分°	54 分°	36 分°	29 分°	（20 分°）	29 分°	36 分°
	宽	明栿 / 草栿	33.3 分°	33.6 分°	40 分°	28 分°	23.3 分°	（17.3 分°）	23.3 分°	28 分°	29.3 分°	32.6 分°	36 分°	24 分°	19.3 分°	13.3 分°	19.3 分°	24 分°
断面尺寸（宋营造尺）	一等材	广（高）	3.00	3.30	3.60	2.52	2.10	（1.56）	2.10	2.52								
		厚（宽）	2.00	2.20	2.40	1.68	1.40	1.04	1.40	1.68								
	二等材	广（高）	2.75	3.03	3.30	2.31	1.93	（1.43）	1.93	2.31								
		厚（宽）	1.83	2.02	2.20	1.54	1.29	0.95	1.29	1.54								
	三等材	广（高）	2.50	2.75	3.00	2.10	1.75	（1.30）	1.75	2.10	2.20	2.45	2.70	1.80	1.45	1.00	1.45	1.80
		厚（宽）	1.67	1.83	2.00	1.40	1.17	0.87	1.17	1.40	1.47	1.63	1.80	1.20	0.97	0.67	0.97	1.20
	四等材	广（高）	2.40	2.64	2.88	2.02	1.68	（1.25）	1.68	2.02	2.11	2.35	2.59	1.73	1.39	0.96	1.39	1.73
		厚（宽）	1.60	1.76	1.92	1.35	1.12	0.84	1.12	1.35	1.40	1.57	1.73	1.15	0.93	0.64	0.93	1.15

↘续表

等级			殿阁月梁								厅堂月梁							
名称			梁栿			乳栿	札牵		平梁		梁栿			乳栿	札牵		平梁	
断面尺寸（宋营造尺）	五等材	广（高）	2.20	2.42	2.64	1.85	1.54	1.14	1.54	1.85	1.94	2.16	2.38	1.58	1.28	0.88	1.28	1.58
		厚（宽）	1.47	1.61	2.42	1.23	1.03	0.76	1.03	1.23	1.29	1.44	1.59	1.05	0.85	0.59	0.85	1.05
	六等材	广（高）									1.76	1.96	2.16	1.44	1.16	0.80	1.16	1.44
		厚（宽）									1.17	1.31	1.44	0.56	0.78	0.53	0.78	0.56

注：1. 因实例中无七、八等材之梁栿，故此处略之。
2. 厅堂月梁六寸，为根据殿阁月梁及厅堂直梁之大小推算所得。
3. 殿阁“札牵‘不出跳’条之数据为依据直梁‘不出跳’”条算出。

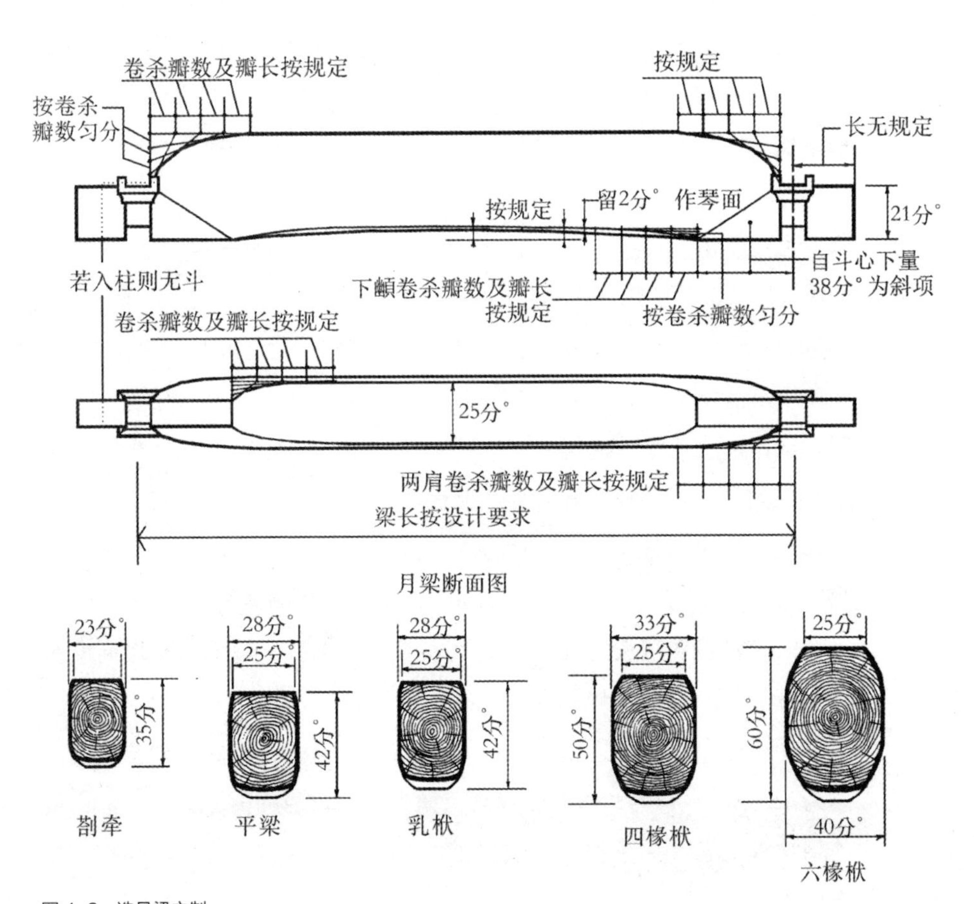

图 4-2　造月梁之制

宋代的梁栿断面高宽比应为3:2。在殿堂建筑中，四椽及五椽明栿，断面为42分°×28分°；四椽及五椽草栿，断面则为45分°×30分°；六椽以上的梁栿，不论草栿明栿，断面均为60分°×40分°。设在梁架最上面一层的两椽栿，宋称"平梁"，在使用四铺作五铺作斗栱的殿堂中，不论明栿草栿，断面均为30分°×20分°，在使用六铺作斗栱以上的殿堂中，无论明栿草栿，断面均为36分°×24分°。即使在使用平綦或平闇的建筑里，平梁也往往做成月梁的样式。檐柱与内柱之间，长为两椽架的短梁称为"乳栿"。在使用四铺作或五铺作斗栱的殿堂中，明乳栿断面为36分°×24分°，草乳栿断面为30分°×20分°；六铺作斗栱以上殿堂中的乳栿，不论露明与否，断面均为42分°×28分°。此外还有梁首置于乳栿身上的斗栱内，梁尾插在内柱身上的梁，叫"札牵"，它长仅一椽，不负重，仅起联络作用。在殿堂建筑中，不论明栿草栿，如果梁首置于檐柱柱头铺作内出跳，其断面为30分°×20分°，如果梁头搭在驼峰上不出跳，其断面为21分°×14分°。

上面所述为殿堂中的情况，在厅堂建筑中，梁栿的规格要小些。《营造法式》图中所见到的最长的梁栿为六椽，一般则控制在五椽以下。厅堂三椽栿，断面为30分°×20分°；四椽栿与五椽栿，断面为36分°×24分°；在使用四铺作和五铺作斗栱的建筑中，平梁断面为24分°×16分°；在用六铺作以上斗栱的建筑中，平梁断面为30分°×20分°。乳栿若用于有四到五铺作斗栱的厅堂中，断面为30分°×20分°；若用于有六铺作以上斗栱的厅堂中，断面为36分°×24分°。札牵若出跳，断面为24分°×16分°，若不出跳，断面为15分°×10分°。

宋式建筑各层梁之间往往用墩木或驼峰支持，墩木即一块高度小于长度的方木，而驼峰则是其正立面为梯形的木料，露明的驼峰要刻出各种花样，上面放置斗来承托上一层梁头。驼峰的高按需要来确定，厚为15分°，长为2倍的驼峰高。如果两层梁之间的距离较大，则可使用矮柱上置斗来承担上一层梁栿，矮柱径可取22.5分°，高按需要定出（图4-3）。

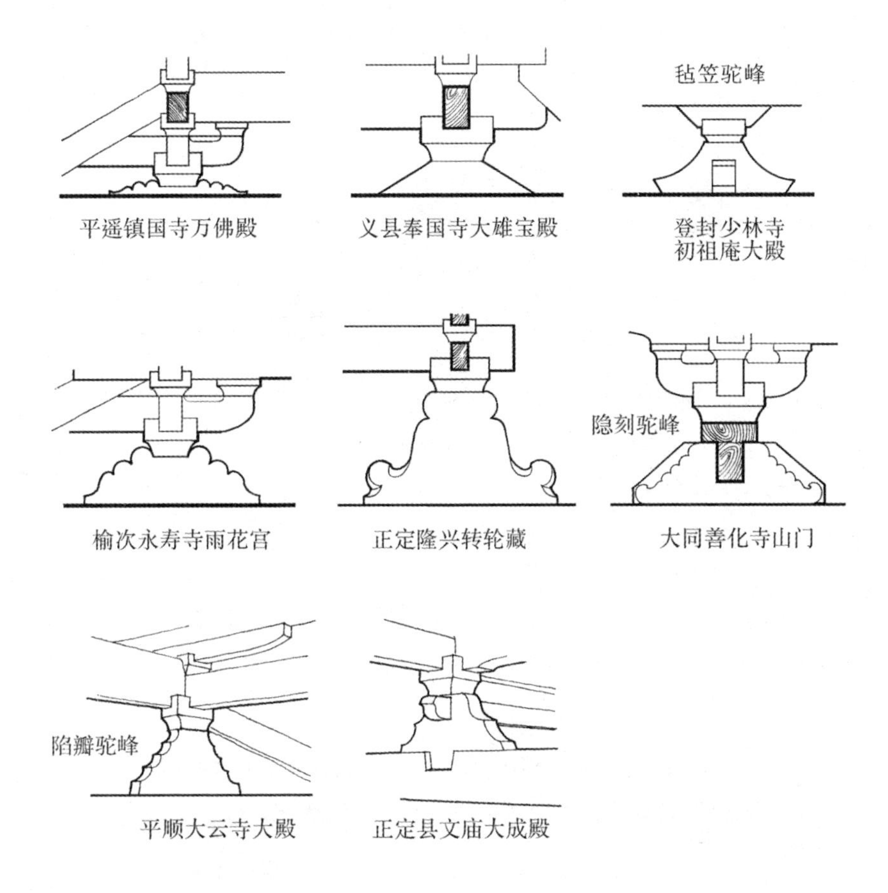

图 4-3　驼峰样式举例

檩，《营造法式》中称“槫”，是放置在梁头上承托上面椽子的构件。在殿堂中使用的槫，槫径为 21 ～ 30 分°，厅堂中的槫，其径为 18 ～ 21 分°，余屋中槫径取 17 分°。槫长随间广，即相临两柱中心距加上两头的出榫长度。橑檐方是使用在斗栱最外一跳上的断面为矩形的槫，其断面为 30 分°×10 分°，长随间广。

脊槫则用坐在平梁上的蜀柱支承，在蜀柱和脊槫之间，一般还要用斗栱和替木。殿堂中用的蜀柱径为 22.5 分°，高按需要来定。余屋的蜀柱径则要按平梁的宽度来定，蜀柱根部还可以使用合楷，使其更加稳固（图 4-4）。

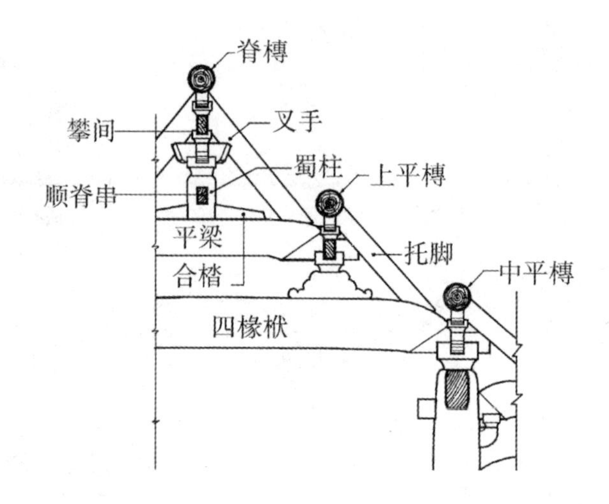

图 4-4 蜀柱与合楷

为了取得特别的艺术效果，宋代还在最外间的槫的上边贴用生头木，使得建筑正脊乃至整个屋面在两端向上翘起。生头木正立面为一底边同间广、直立边高为 15 分° 的三角形，其厚为 15 分°（图 4-4）。使用在庑殿顶或歇山转角外的生头木，其直立边上端应与角梁背取齐。为了防止槫向外滚动，宋代还使用托脚来撑住槫子，托脚的断面高为 15 分°，厚为 5 分°。

为了增加整个木构架的刚性，在梁架之间的斗栱中还伸出“襻间”相互联络，襻间设在一榀梁架与另一榀梁架之间，与面阔方向平行。襻间两端做成栱的样子，断面为 15 分°×10 分°。襻间既可每间都用，也可以隔间使用。在脊槫之下，还可以使用顺脊串，顺脊串的作用与襻间相似，但端头不刻出栱形，其断面高为 15 ～ 18 分°，宽为 10 ～ 13 分°（图 4-5）。

槫上安置椽子，椽子的直径与房屋类型有关，殿阁的椽子直径用 9 或 10 分°，殿阁的副阶用椽径 8 或 9 分°，厅堂的椽子直径用 7 或 8 分°，余屋用椽径 6 或 7 分°。无论椽子用在何处，椽子之间的空档（净距）均为 9 分°。最下面一道椽子称“檐椽”，檐椽要伸到橑檐枋或檐槫之外，在不使用斗栱的余屋中，檐椽伸出 70 分°，在最高规格的殿阁上，檐椽

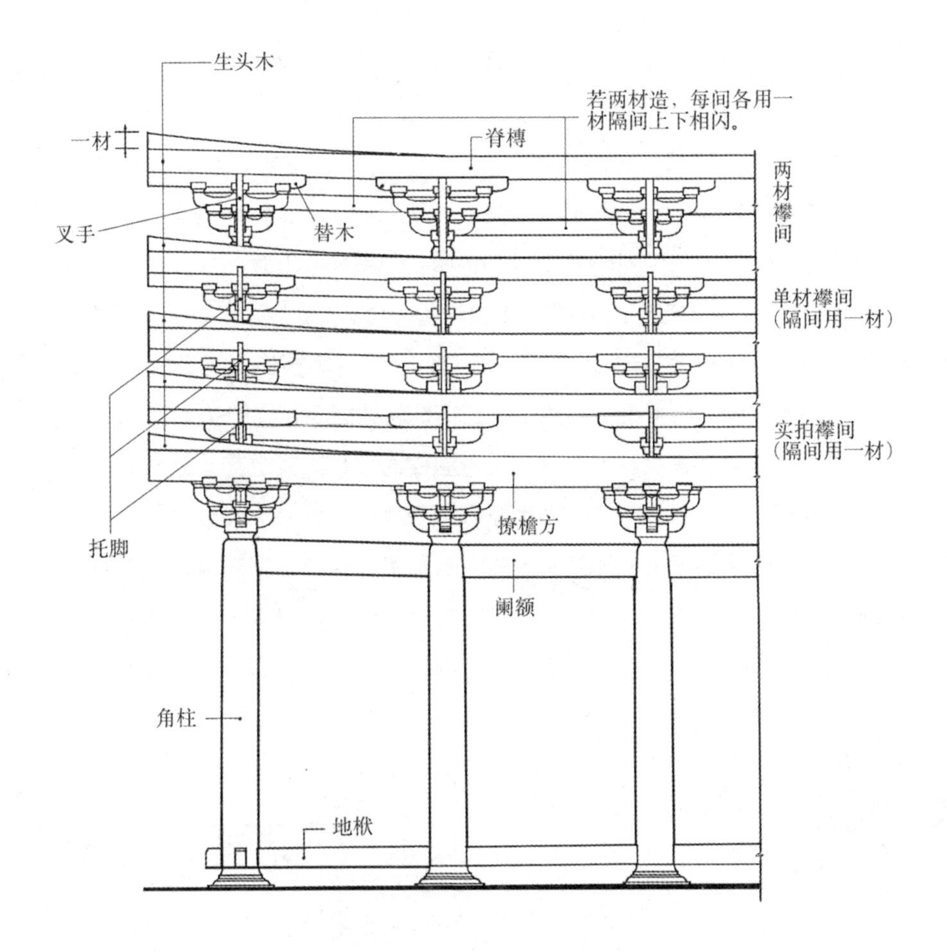

图 4-5　生头木与襻间

伸出 90 分°。或者说，椽径 6 分°，檐椽伸出 70 分°，椽径每加 1 分°，则檐出增加 2.5 ～ 5 分°，至椽径 10 分°伸出 90 分°止。在檐椽之上往往要安排“飞子”，即卧在檐椽上端头超出檐椽的断面为矩形的椽子。飞子伸出檐椽的长度为檐椽伸出橑檐枋长度的 60%，它的断面宽为椽径的 80%，高为椽径的 70%。正身飞子用方料“交斜解造”并在前端做出卷杀（图 4-6、图 4-7）。关于橑檐枋以外檐部深度的确定，有“檐不过步”的说法，即这一长度不能超过允许的最大椽平长——150 分°。在最高等级的建筑上，檐椽和飞子的总共出挑深度为 90+90×60% = 144 分°，这个深度小于150分°，可见“檐不过步”的说法是一个有助于我们记忆的正确概括。

为了固定檐椽，使之不得左右滚动，用“大连檐”固定檐椽头，大连檐是一断面约为三角形的木条，其正面剜出方槽，以放置飞子。大连檐用断面不大于15分°×10分°的木料“结角解开”而成。在飞子的端部则用“小连檐”固定，小连檐断面约为三角形，用不大于9分°×6分°的方料“结角解开”而成（图4-6、图4-7）。小连檐上还要钉上一块称作“燕颔板”的木条，燕颔板上挖槽，起到固定瓦陇的作用。

清代的梁是按照它上方总共所有的檩的数目来确定其名称的。上方有九根檩的，称“九架梁”，上方有七根檩的，称“七架梁”。最上层承托脊瓜柱（相当于宋蜀柱）的梁为三架梁（相当于宋平梁）。此外还有相当于宋代乳栿的挑尖梁（大式叫“挑尖梁”，小式称“抢头梁”）。五架梁的断面高为7斗口，宽为5.6斗口；三架梁的断面高6斗口，宽4.5斗口；七架梁断面高8.4斗口，宽7斗口。挑尖梁高为1/2正心桁到挑檐桁的水平距离加4.75斗口，宽6斗口，抢头梁高为檐柱径的1.5倍，宽为檐柱径的1.2倍。

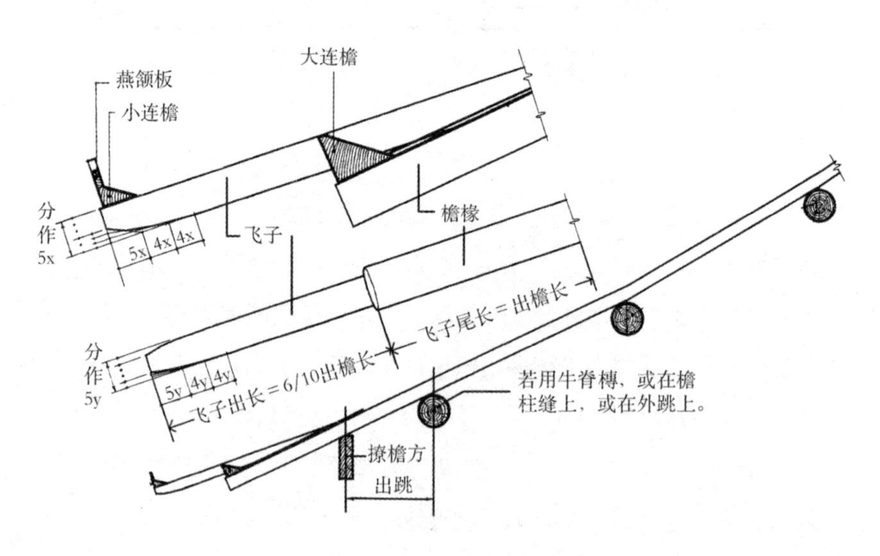

图4-6　宋式造檐之制

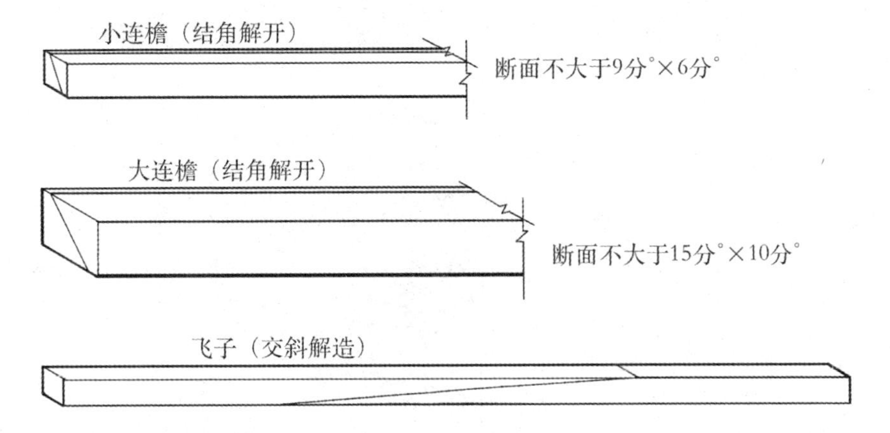

图 4-7　交斜解造和结角解开

上面提到的“桁”，就是用在大式建筑中的檩（“檩”是小式建筑中的名称）。桁檩因其所在位置不同而有不同的名称；斗栱端头上用以承托檐部的叫“挑檐桁”，在檐柱正上方的则为“正心桁”或“正心檩”，在脊瓜柱上的则叫“脊桁”或“脊檩”，位于金柱上方的为“金桁”或“金檩”，金桁（檩）又按其所在位置不同可分为上金桁（檩）、中金桁（檩）、下金桁（檩）。桁（檩）的长度取决于面阔。大式建筑挑檐桁径为 3 斗口，正心桁径为 4.5 斗口，金桁和脊桁的直径也为 4.5 斗口。小式建筑中，檩径均取一个檐柱径。大式建筑的脊桁之上，还要另设一道扶脊木，扶脊木的断面为正六边形，在斜向下的两个面上打出洞眼，用来安置脑椽的尾部，扶脊木径取 4 斗口，或按脊桁的 8 折来确定其断面尺寸（图 4-8）。

梁与梁之间用柁墩或瓜柱支承。瓜柱和柁墩都是位于梁上，将上一层梁垫起，使其达到需要高度的木块，其本身高大于本身长、宽者为瓜柱，小于本身之长、宽者为柁墩。大式建筑中瓜柱断面多用矩形，小式建筑中瓜柱则是圆形断面的。瓜柱也因位置不同而有不同的名称，位于金桁（檩）下的为金瓜柱，位于脊桁（檩）下的为脊瓜柱。在大式建筑中，柁墩的长为 0.9 斗口，宽则比其上所承的梁宽小 2 寸。金瓜柱断面的宽比其上所承梁宽小 2 寸，长则为宽加 1 寸，脊瓜柱断面为正方形，边长与三架梁宽相同。在小式建筑中，柁墩断面长为 2 倍檐柱径，宽按

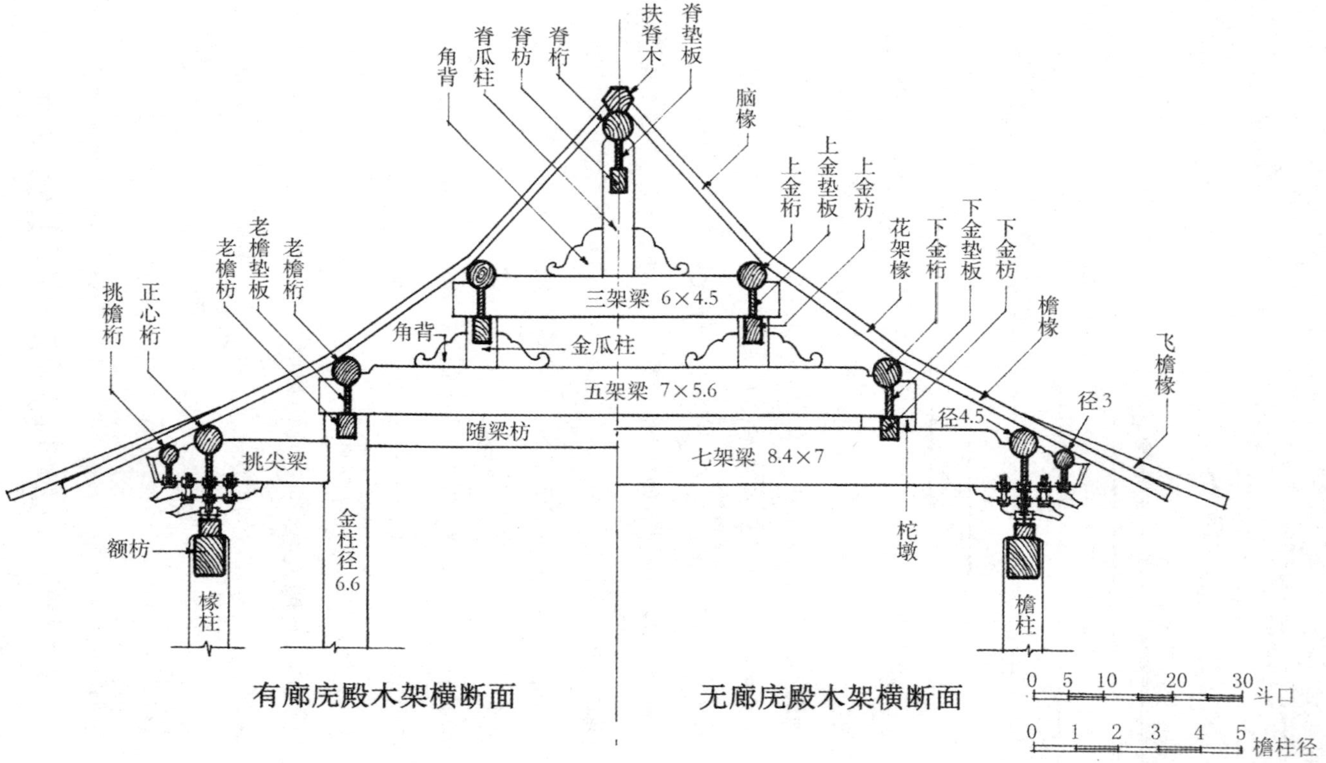

图 4-8 清式屋顶构件及位置

上一层梁宽收 2 寸，金瓜柱和脊瓜柱径同檐柱径。一般要在瓜柱根部使用角背（相当于宋代的合楷），使之更加稳固牢靠，在室内通常可以看到的角背，往往刻成各种花式，有类于宋代的驼峰。角背长为一步架（即宋之椽平长），高为 1/2 脊瓜柱高，角背的宽为其自身高的 1/3。

在两个梁架之间的桁檩正下方，或两个梁架的柱头或柁墩间用横长的木条联络以增加建筑的整体性，这个起联络作用的构件叫作“枋”。位于金桁（檩）下的为“金枋”，但脊桁（檩）下的称“脊枋”，在老檐桁下的称“老檐枋”。大式建筑中，老檐枋、金枋和脊枋的断面均为 3.6 斗口×3 斗口，小式建筑中檐枋高同檐柱径，宽为 4/5 檐柱径，金枋和脊枋的高为檐柱径减 2 寸，宽为 4/5 檐柱径减 2 寸。

建筑中在枋和桁（檩）之间要安置垫板，位于金枋和金桁（檩）间的为金垫板，位于脊枋和脊桁（檩）之间的称“脊垫板”，垫板将桁（檩）和枋连为一体，有利于受力和彩画的安排。在桁（檩）和枋之间安置垫板是明清建筑上一种相当固定的做法，所以有人称桁（檩）、枋、垫板为“明清建筑三大件”。大式建筑中垫板高为 4 斗口，厚为 1 斗口。小式建筑中金垫板和脊垫板高为 1/2 檐柱径加 1 寸，厚为 1/5 檐柱径；檐垫板高为 1/2 檐柱径加 2 寸，厚为 1/5 檐柱径。

清式椽子在脊步上的为脑椽，金步上的称“花架椽”，檐步上的叫“檐椽”，相当于宋式飞子的叫“飞檐椽”。大式建筑上的椽径或见方为 1.5 斗口，飞檐椽尾在正心桁上，其头伸出挑檐桁 21 斗口，檐椽伸出挑檐桁为 2/3 飞椽出，即 14 斗口。小式建筑的椽径或见方为 3/10 檐柱径，飞檐椽由正心檩始向外伸出 3/10 檐柱高，檐椽伸出正心檩 2/3 飞椽出。椽子之间的净空同椽径（图 4-8）。

在桁上顺着桁的方向，还可放置一条木板，上面按照椽子的位置和椽径，打出一列孔洞，使椽子从中穿过，防止椽子左右移动，这条木板叫“椽椀”。在檐椽和飞檐椽端头分别用木条将椽头连住，相当于宋大连檐的清称“小连檐”，相当于宋小连檐的清则称“大连檐”。大、小连檐的断面均为三角形，且尺寸相同。大式建筑两垂直边的长度同为 1.5

斗口，小式建筑两垂边的长度为3/10檐柱径。小连檐上边还有一木板把椽间空档封住，这木板叫“里口木”或“闸档板”。在大连檐上则有称作“瓦口”的木条，瓦口上按照瓦陇位置和尺寸剜出椀子，承受瓦陇最下面一瓦，瓦口高1斗口，厚0.6斗口。

另外要指出的是，清式建筑上没有叉手和托脚的使用，这是清式建筑构架区别于宋式建筑构架的明显特征之一。

有了上面的知识作为基础，我们便可以进一步叙述各种屋顶的做法。

第三节 举折与举架

中国古典建筑的屋面并不是一个平直斜坡，而是一条由下至上越来越陡的折线。造成这种情况的办法，宋代称作“举折”，清代称作“举架”。举折和举架虽然都是为了造成屋面折线，但其具体的做法却不相同。

举折是宋代构成屋面折线的方法，它首先要定出橑檐枋和脊槫的位置。《营造法式》称橑檐枋上皮到脊槫上皮的垂直距离为举高，如果是殿堂建筑，则举高为前后橑檐枋心间距的1/3；如果是厅堂廊屋，举高则为前后橑檐枋心间距的1/4再加上一个x；如果建筑上没有斗栱出跳时，其为前后檐柱心距的1/4再加一个x。不同的建筑，x的值就不同，如果以前后橑檐枋或前后檐柱心距为b，那么在用筒瓦的厅堂上，$x=\frac{8}{100}\times\frac{b}{4}$；在用筒瓦的廊屋上，$x=\frac{5}{100}\times\frac{b}{4}$；板瓦厅堂，$x=\frac{5}{100}\times\frac{b}{4}$；板瓦廊屋，$x=\frac{3}{100}\times\frac{b}{4}$；两椽屋，则x= 0。殿阁副阶举高为1/2副阶橑檐枋心到殿身檐柱心距。定下了举高之后[1]，便可用下述方法来确定各平槫

---

1. 有人认为x的定法为：筒瓦厅堂，$x=\frac{8}{100}\times b$；筒瓦廊屋，$x=\frac{5}{100}\times b$；板瓦厅堂，$x=\frac{5}{100}\times b$；板瓦廊屋，$x=\frac{3}{100}\times b$。征之《营造法式》，其原文为：“如甋瓦厅堂，即四分中举起一分，又通以四分所得丈尺，每一尺加八分；若甋瓦廊屋及瓪瓦厅堂，每一尺加五分，或瓪瓦廊屋之类，每一尺加三分。”我们认为四分所得丈尺应指前后橑檐枋或檐柱心距的1/4距离，故本书不用其说。

的位置。首先，作橑檐枋枋上皮中点与脊槫上皮中点的连线，由该连线与第一槫缝交点垂直向下量 1/10 举高得上平槫上皮中点位置，再作上平槫上皮中点与橑檐枋上皮中点的连线，由该连线与第二槫缝交点垂直向下量 1/20 举高得中平槫上皮中点之位置，按照槫数的多少，用上述方法逐步求出各平槫上皮中点的位置，所求平槫由已知平槫上皮中点与橑檐枋上皮中点连线与该槫缝交点下降的距离总比上次下降的距离少一半。求出各平槫的位置后，将各上皮中点用直线相连。便可得到所要求的屋面折线（图 4-9）。

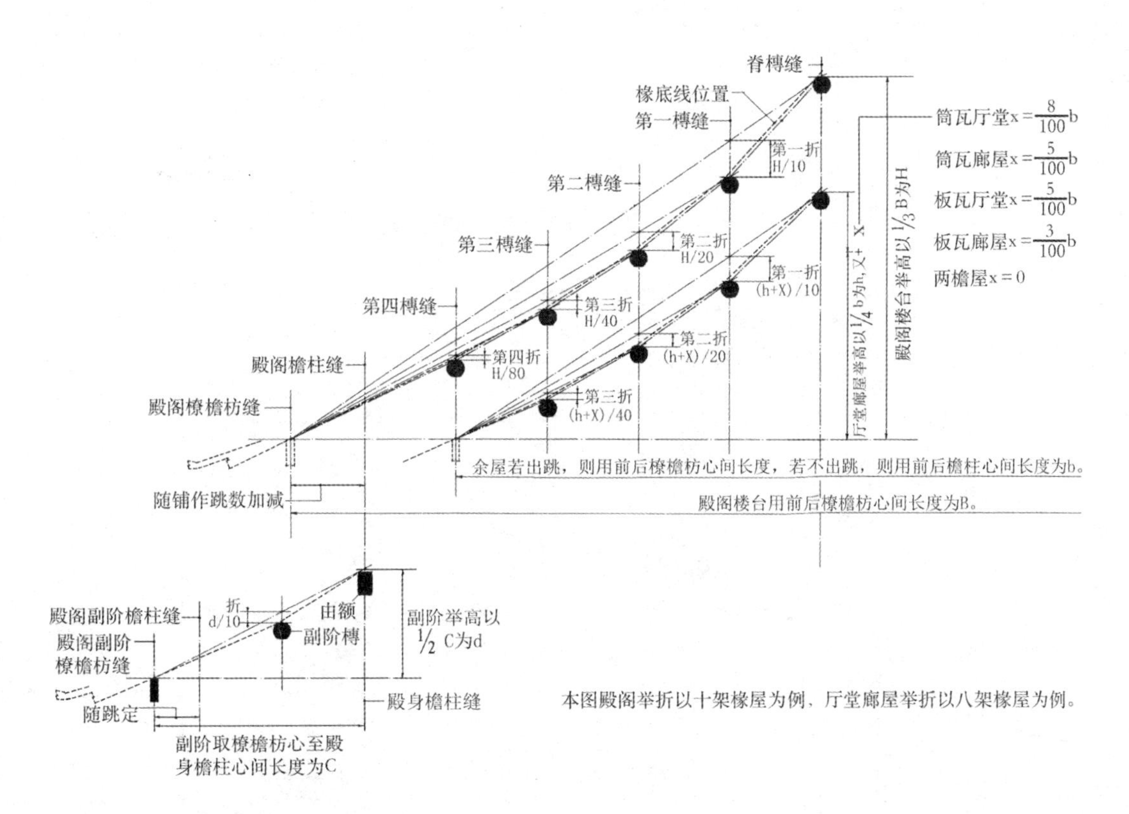

图 4-9　宋代举折之制

举架是清代构成屋面折线的方法，举架不像宋式举折那样，先定出脊槫位置，然后由上向下逐步求出其他各平槫的位置，而是先确定每一举的坡度，由下向上，逐步推出脊桁（檩）的位置。清代举架有五举、七举、九举之别，所谓“五举”，是指该步架较高一桁（檩）比较低一桁（檩）高出 5/10 步架；“九举”则是指该步架较高一桁（檩）比较低一桁（檩）高出 9/10 步架。一般说来，最下一举多采用五举，由此逐渐上推，最上一举可达九举，从而定出脊桁（檩）的位置。如进深为九檩，则可由下向上分别用五举、六五举、七五举和九举。飞椽多为三五举。有时为了将屋脊举到需要的高度，最上一层在九举之外再加上一个高度，这个高度称为“平水”，平水的尺寸要靠设计者按需要来确定。举架的一般分配方法可以参见图 4-10。

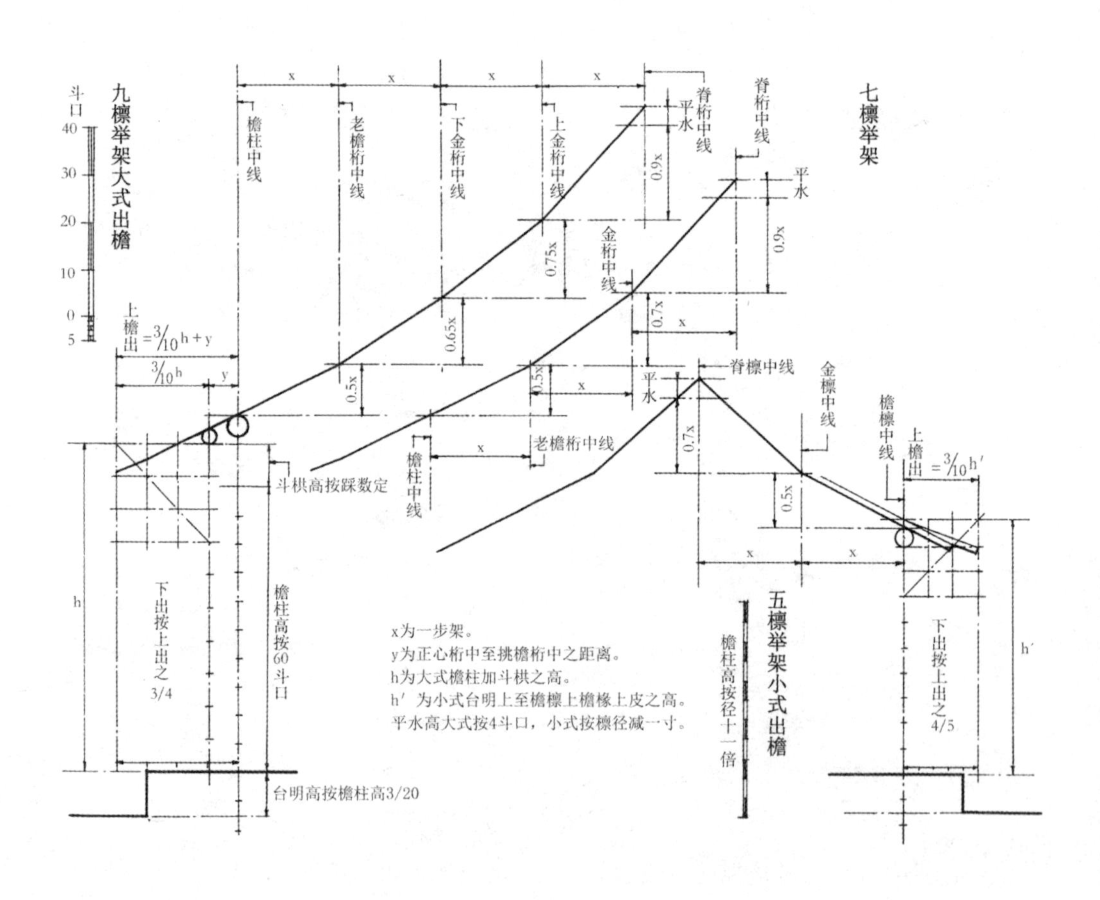

图 4-10　清代举架之制

第四节
悬山顶和硬山顶的做法

按照上文的分析，许多屋顶形式都可以视为两坡顶的变体或组合，这里我们先从中国古典建筑的两坡屋顶开始，叙述中国古典建筑的屋顶构架做法，并依次介绍常见的较为复杂的屋顶形式。

两坡顶在中国古典建筑中有悬山和硬山两种屋顶形式，其中悬山顶出现得较早，据推测并参照人类学的资料，这种屋顶形式的出现当在远古。悬山顶之所以比硬山顶出现得早，恐怕与先民们所采用的绑扎结构方式和墙体材料的特点有关。可以设想，当屋顶的檩条和山面柱子绑扎在一起时，檩条和柱子都留有出头，对于建筑的抗风和抗震都是有利的，并且绑扎起来也比较方便，而屋顶部分在山面挑出，又有利于保护下部山墙，中国古典建筑长期采用版筑土墙，这种保护就更显得重要，于是悬山顶就长期地沿用下来。直到建筑大量地使用砖墙，檩条在防护山面上的作用不那么重要了，才逐渐地出现了硬山顶。

悬山顶可以视为在两山外檩头挑出并采取举折做法的两坡顶，这种屋顶形式宋称“不厦两头造”，构架用厅堂结构形式。山面的槫头挑出宋称“出际”，按照《营造法式》提供的线索，参照现存的不厦两头造建筑实例，我们可以按照下面的尺寸来确定出际长度：

两椽屋出际——40 至 50 分°；

四椽屋出际——60 至 70 分°；

六椽屋出际——70 至 80 分°；

八至十椽屋出际——90 至 100 分°。

为了出际的稳固，在出挑的槫下附有替木一道，替木断面的高为 15 分°，宽为 10 分°。

清式建筑桁（檩）从山面挑出的做法称作“悬山”或“挑山”，端头伸到山墙以外的桁（檩）称为“挑山桁（檩）”。挑山桁（檩）伸出山面的距离应与建筑前后出椽的尺寸相同，挑山桁（檩）下，相当于宋代的替木，有燕尾枋一道，在大式建筑中，燕尾枋断面高为 3 斗口，宽为 1 斗口，小式燕尾枋断面高为 1/2 檐柱径，宽为 1/6 檐柱径。

无论宋式清式，都在挑出的槫（桁、檩）头上用搏风板，使得建筑的山面更加整齐美观。宋式的搏风板厚 3 ～ 4 分°，宽两材至三材，在脊槫分位的搏风板下施用垂鱼，在其他各槫分位的搏风板下施用惹草（图 4-11）。垂鱼的原型是鱼，惹草的原型是水草，二者都是水中之物，将它们用作屋顶的装饰，据说有避火消灾的作用，宋式搏风板的端头要做出各种花样，以取得装饰效果。清式大式建筑的搏风板厚 1 斗口，宽为 8 斗口；小式建筑的搏风板厚 1/4 檩径，宽为一又五分之四檩径（图 4-12）。

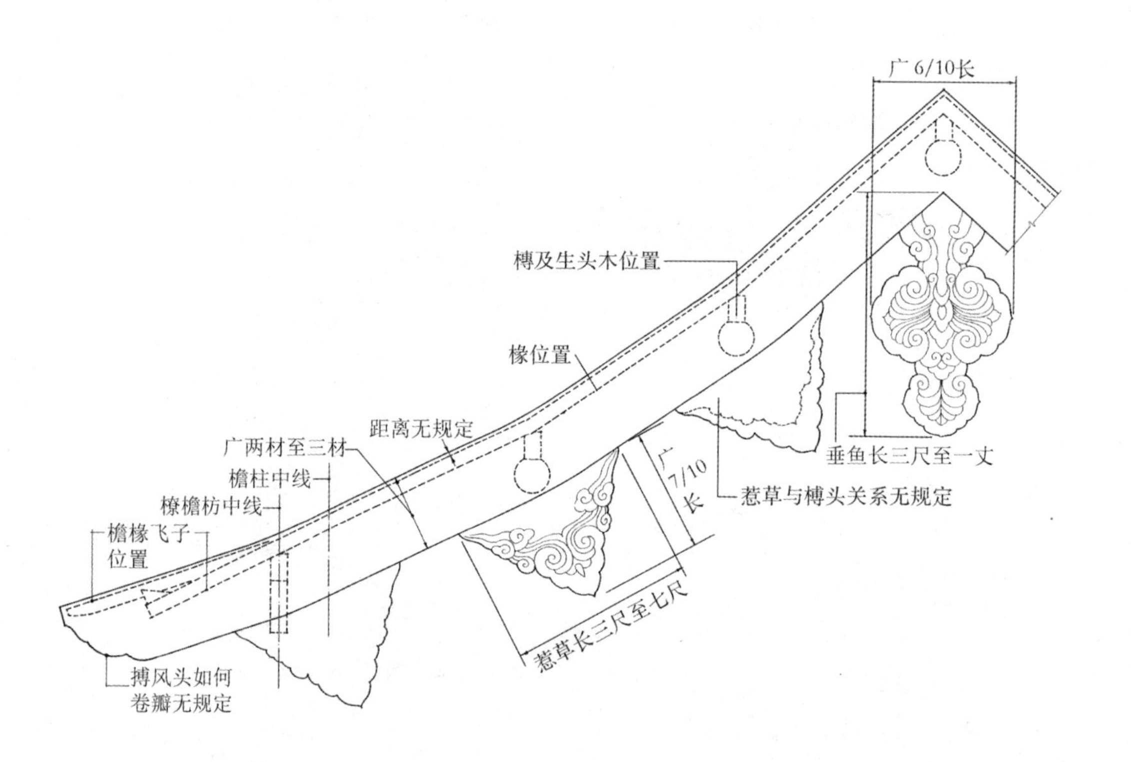

图 4-11　宋式搏风板

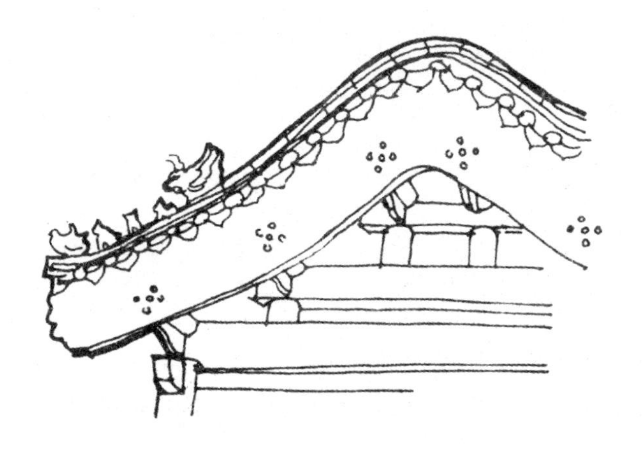

图 4-12　清式搏风板

硬山顶乃是不出际（挑山）而将山墙直砌至屋顶的两坡顶，为了美观，仍在山墙上部顺若前后坡用砖做出搏风板的样式（图 3-26）。

第五节
歇山顶的做法

“歇山顶”是清代的称呼，宋代称此种屋顶为“九脊殿”或“厦两头造”。

厦两头造的具体做法在宋《营造法式》中没有正面述及，按照实例，当时的结构方式大致是在建筑山面柱头铺作之上施用乳栿或丁栿，横跨稍间与相邻一缝屋架相交。丁栿是一头搭在山面的斗栱或檐柱上，另一头搭在横梁上与其丁字相交的梁；乳栿则是一头搭在山面的斗栱或檐柱上，另一头搭在内柱的铺作上或插入内柱柱身的梁。在丁栿或乳栿上放置矮柱或其他支撑构件（如札牵、斗栱等）。在矮柱或其他构件上，与屋身梁栿方向一致，施一平槫，以承担山面檐椽的尾部，在矮柱上再施一道乳栿，其上放置必要的构件以承担与屋身梁栿方向一致的相应椽数的梁栿（图 4-13）。在此梁栿以上横跨稍间的槫子乃要出际，出际的尺寸由此架梁栿算起，无论是殿堂还是厅堂，均为 150 分°。出际的槫头上要安搏风板，搏风板的尺寸可参照悬山顶部分。

清代官式歇山顶的通常做法是横贯稍间使用顺扒梁或顺挑尖梁，顺扒梁是两端或一端放在桁或梁上并与正身梁架成垂直交角的梁，顺挑尖梁是一头放在柱头柱上，一头搭在桁或梁上与主要梁架成垂直交角的梁。顺扒梁或顺挑尖梁的断面高为 6.5 斗口，宽为 5.2 斗口。在顺梁上退入一步架处，安放交金墩，交金墩上承采步金梁，与顺梁垂直，采步金上皮与下金桁上皮平，两头与桁相交，采步金梁头做成桁的样子，称作“假桁头”。在采步金梁的外侧，按照椽子分位打出一列洞以承两山椽尾。采步金上在与屋中部梁架相应的位置叠架瓜柱和梁，各梁的名称与相对应的梁架名称相同，最上面施三架梁和脊瓜柱（图 4-14）。交金墩的高按照具体情况定出，长为 4.5 斗口，宽比上层梁宽少 2 寸。采步金的断面高 7 斗口加上长的 1%，宽为 6 斗口。

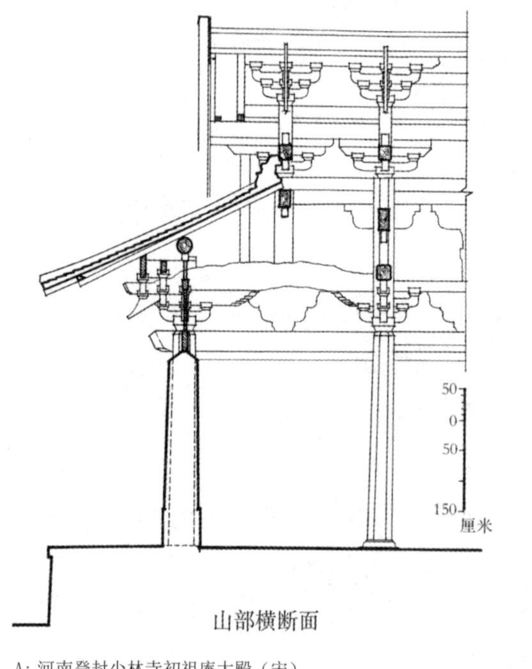

山部横断面

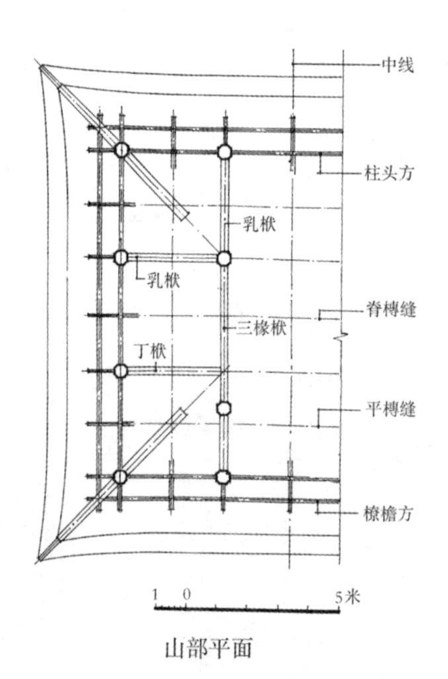

山部平面

A：河南登封少林寺初祖庵大殿（宋）

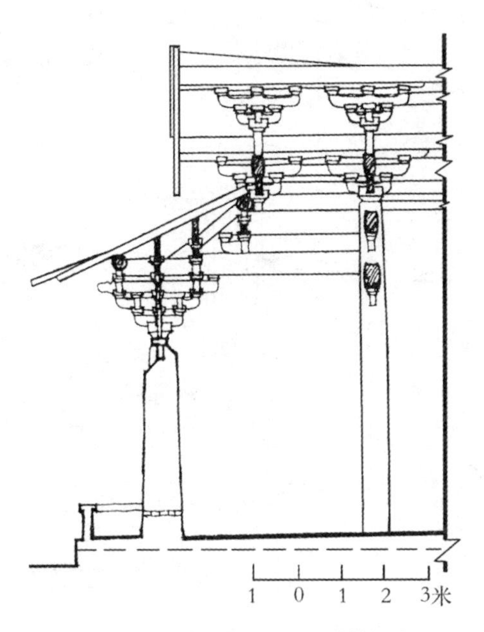

B：河北涞源县阁院寺文殊殿（辽）山部横断面

图 4-13　厦两头造构造举例

歇山顶上半部分类似悬山顶，其挑山桁外端由山面的正心桁中心起向内收一桁径，这种做法谓之“收山”，收山做法可使挑山桁挑出的不致过远，从而保证构架的稳定性。挑山桁下用燕尾枋，外安搏风板。也可将歇山顶的上半部分做成硬山的样子，即由山面正心桁中心起向内收一桁径施踏脚木，踏脚木正中施草架柱子，柱上端顶住脊桁，柱的中部在与金桁相应的分位施穿梁，穿梁两端与金桁头相交。这种做法可以解决因挑山太远挑山桁不胜重负的问题，较之悬山式的处理更为结实牢靠。脊桁、金桁端头要与踏脚木外皮取齐，并沿着脊桁和金桁的端头施搏风板，在搏风板与踏脚木围成的三角形间，用山花板将草架柱子和穿梁等封在里面，山花板外皮与踏脚木外皮齐。踏脚木断面高 4.5 斗口，宽 3.6 斗口。草架柱子断面宽 2.3 斗口，厚 1.8 斗口。穿梁断面高 2.3 斗口，宽 1.8 斗口。山花板厚为 1 斗口（图 4-14）。

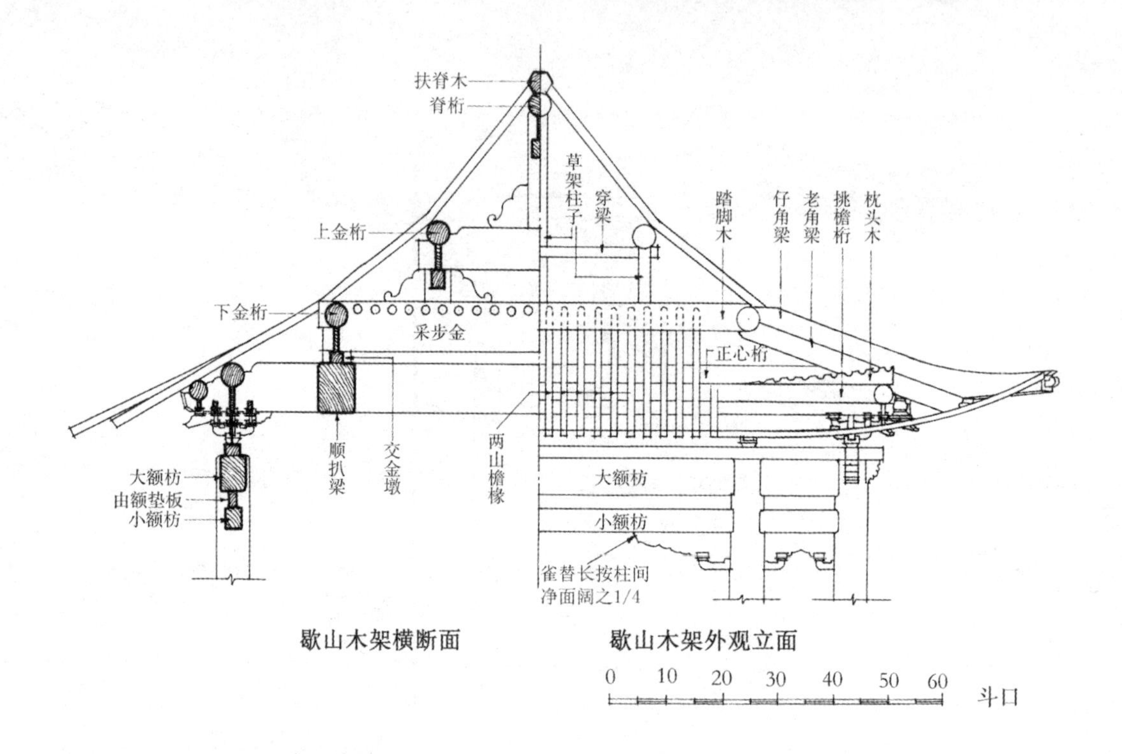
扶脊木
脊桁
草架柱子
穿梁
上金桁
踏脚木
仔角梁
老角梁
挑檐桁
枕头木
下金桁
采步金
正心桁
大额枋
由额垫板
小额枋
顺扒梁
交金墩
两山檐椽
大额枋
小额枋
雀替长按柱间净面阔之1/4
歇山木架横断面
歇山木架外观立面
0
10
20
30
40
50
60
斗口

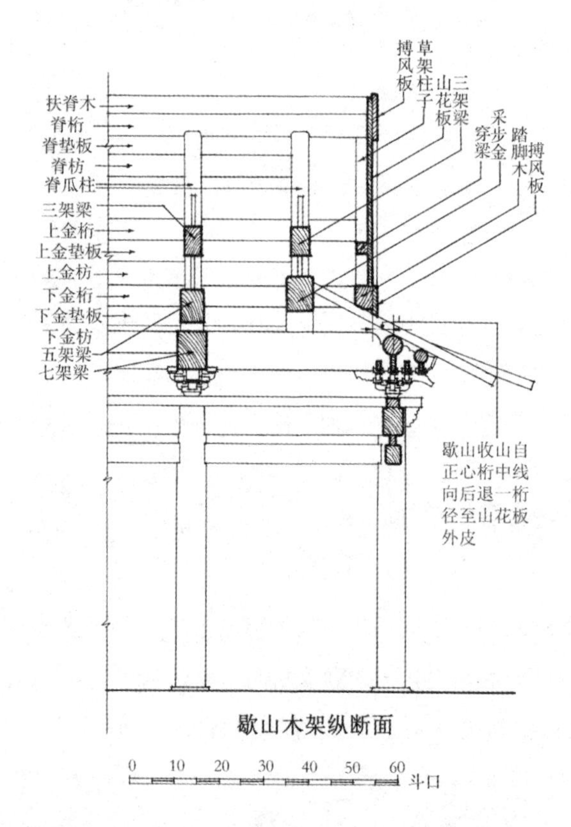
搏风板
草架柱子
山花板
三架梁
采步金
穿梁
踏脚木
搏风板
扶脊木
脊桁
脊垫板
脊枋
脊瓜柱
三架梁
上金桁
上金垫板
上金枋
下金桁
下金垫板
下金枋
五架梁
七架梁
歇山收山自正心桁中线向后退一桁径至山花板外皮
歇山木架纵断面
0
10
20
30
40
50
60
斗口

图 4-14 歇山顶构架

施用山花板的做法是一种较为高级华丽的处理方式。

民间的歇山顶做法不一定与上叙方式相同。在江南一带，我们常可以看到将稍间做的较窄，建筑前后均做轩，由戗直接架在角柱和靠近角柱的金柱之上，而山面的檐椽尾则搭在次间的梁架上，歇山顶的上半部分的檩条也可以不挑出，成为硬山顶的样子。此外还有许多其他的构成歇山顶的结构方式，一般说来，民间工匠所建造的歇山顶形象比较轻巧活泼。

第六节
庑殿顶的做法

宋代称庑殿顶为“四阿顶”或“五脊殿”，这种有着四坡曲屋面的屋顶样式，一般只有最高级的建筑才能使用。庑殿顶看上去很复杂，但如果把它视为歇山顶的两个山面坡继续向上延伸而形成的话，我们对这种屋顶结构形式的认识也许会变得简单些。这样，构造庑殿顶的任务，就成为怎样使歇山顶的山面坡继续向上延伸，使建筑的正面和山面同时层层向上收缩，从而形成一个有正脊的四坡顶。

《营造法式》中没有正面讲到四阿顶的构成方式，这里，我们根据一些早期实例，结合对《营造法式》的研究成果，大致介绍那个时代的庑殿顶结构方式。与九脊殿一样，四阿顶首先要在尽间退进一平椽的位置上使用与正身屋架垂直的乳栿或丁栿，又在乳栿或丁栿退进一平椽的位置上安矮柱或墩木以承山面平槫，此后便可按这种方式，逐层向内收缩，每次都在正面和山面各退入一平椽深，以保证各层平槫能够交圈，直至最上一层山面与正身屋架共同使用一个蜀柱。如果建筑规模很大，坡面较长，这时山面坡的覆盖面可能超过尽间，这时可以在稍间使用丁栿，在相应的平槫位置上安矮柱等，直至形成一个完整的山面坡（图 4-15）。

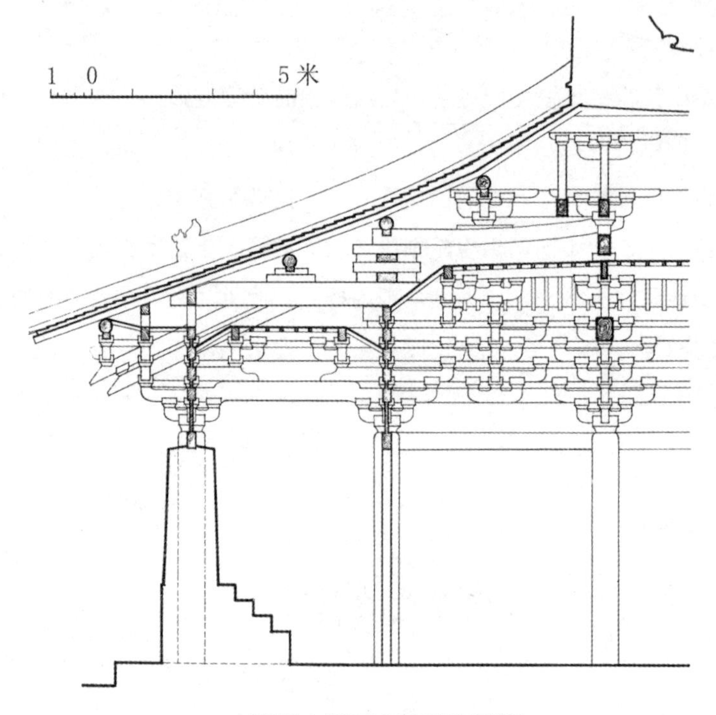

山西五台山佛光寺大殿屋顶构造剖面

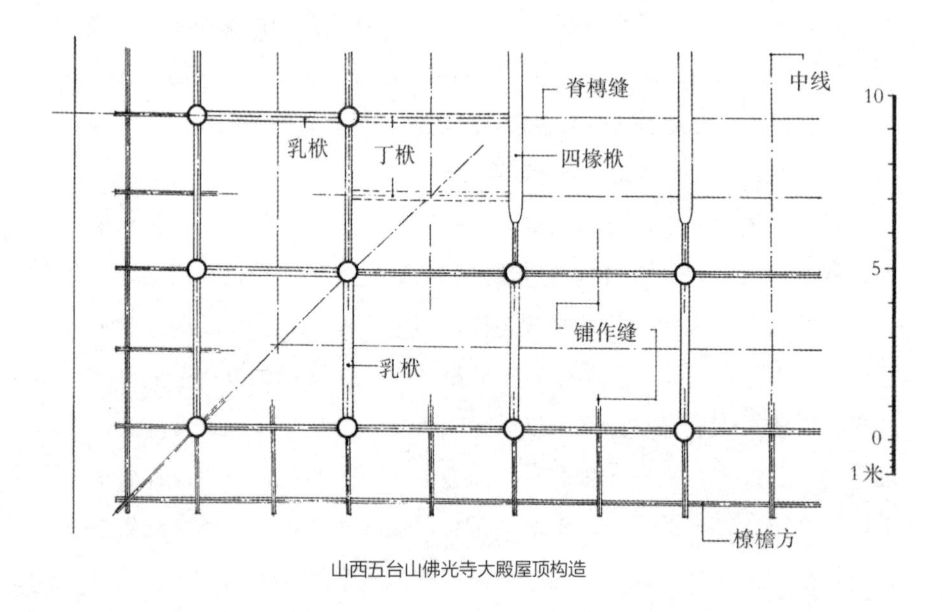

山西五台山佛光寺大殿屋顶构造

图 4-15　四阿顶构造举例

为了使建筑形象舒展大方，正脊不致过短，宋式四阿顶正脊长度为大间建筑间广总长的1/2。因而对那些平面接近方形的建筑，如五间八椽、七间十椽等应使用脊槫由两端屋架向外伸出的做法。这种做法，称“脊槫增长”，如果脊槫增长过多，就会使山面最上一椽的坡度过陡，所以脊槫增长不得超过75分°，也就是正脊长度可以增长150分°。这种做法可以说是后世推山做法的滥觞（图4-16）。

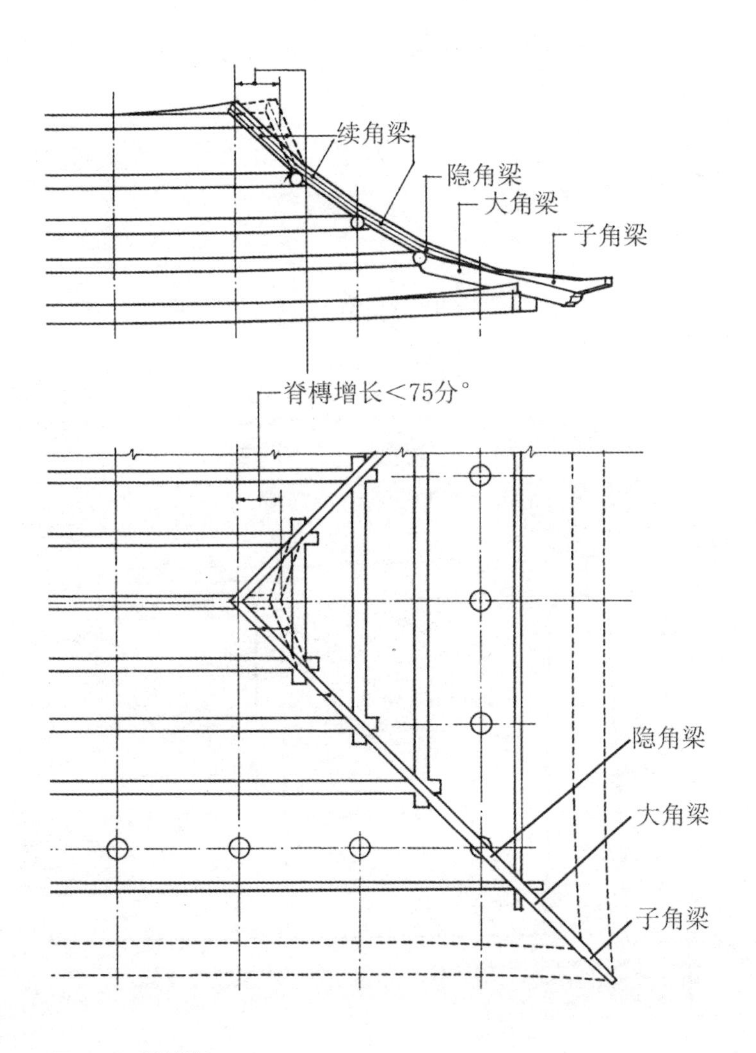

图4-16　脊槫增长

此外，我们还可以采用抹角栿来构成四阿顶，其方法是在建筑的角部使用抹角栿。所谓“抹角栿”是两端搭在槫上，与建筑正面呈 45 度交角的栿。然后在抹角栿上放矮柱，矮柱的分位要正对着正面平槫和山面平槫的交点，矮柱上承两个方向的平槫及角梁，按照具体的建筑要求，有可能逐层退进使用几道抹角栿，最后抹角栿上的矮柱或墩木承托平梁，平梁上立蜀柱以托脊槫，从而形成完整的四阿顶（图 4-17）。

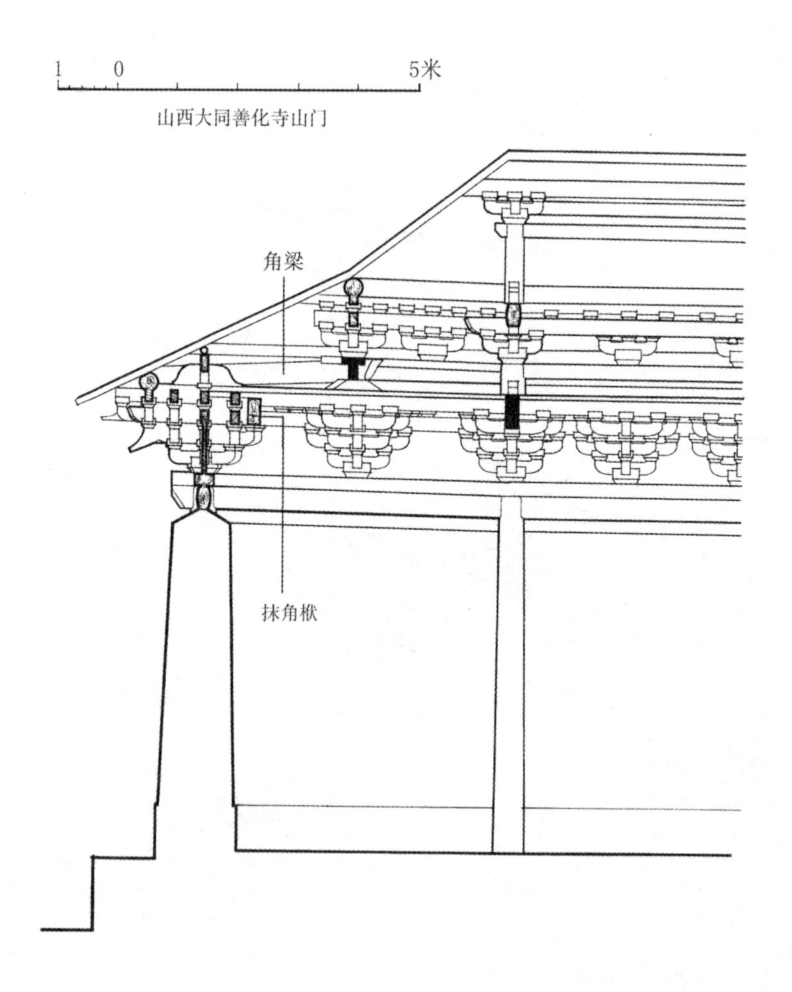

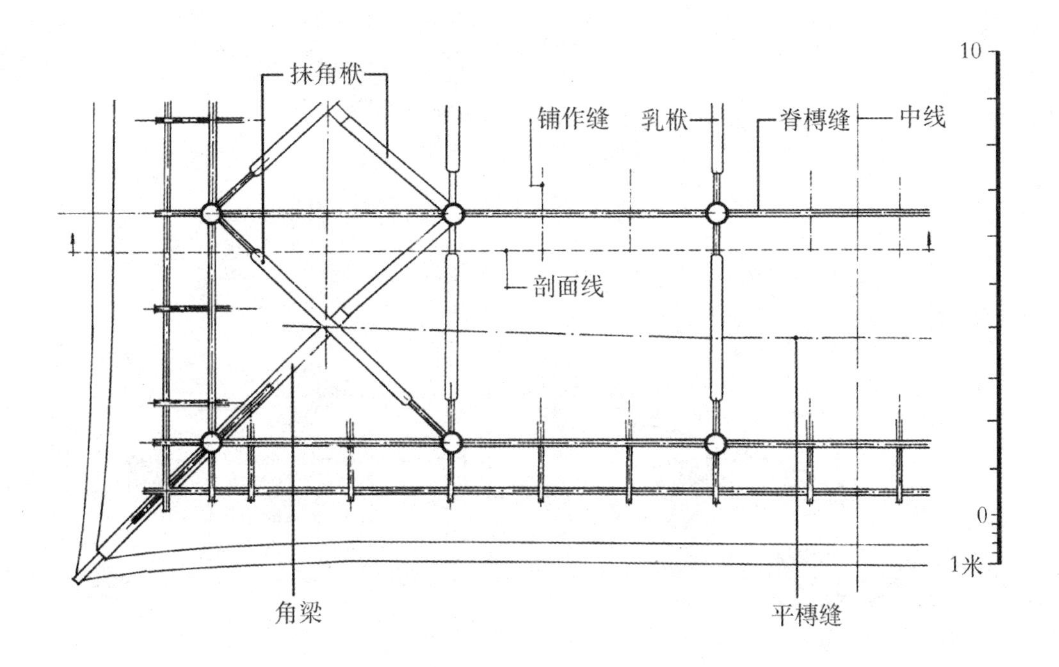

图 4-17　用抹角栿构成四阿顶

清代官式建筑中最为常见的庑殿顶做法是，在山面的正心桁上退进一步架用顺扒梁，顺扒梁上施交金瓜柱，交金瓜柱上安山面金桁与前后金桁交圈，根据需要，还可在山面金桁和正身梁架间继续使用顺扒梁，置交金瓜柱承上一层山面金桁，直至最上面一层在上金桁和三架梁之间施太平梁，太平梁上坐雷公柱以支持脊桁因推山而伸出的端头。太平梁断面尺寸与三架梁相同，雷公柱的断面则与脊瓜柱相同（图 4-18）。

所谓“推山”，是使庑殿顶四条垂脊不仅在立面上，而且在平面上都成为折线的做法，通过推山不仅延长了正脊，并且使建筑的四条垂脊在各个方向上都为曲线，使得屋顶更显飘逸。只有明白了推山的具体方法，我们才能够确定庑殿顶上各层顺扒梁、交金瓜柱以及太平梁和雷公柱的确切位置。这里以九架周围廊庑殿顶建筑为例，介绍推山方法如下：首先由屋角按 45 度方向向正脊作一直线，该直线与正面下金桁中线交

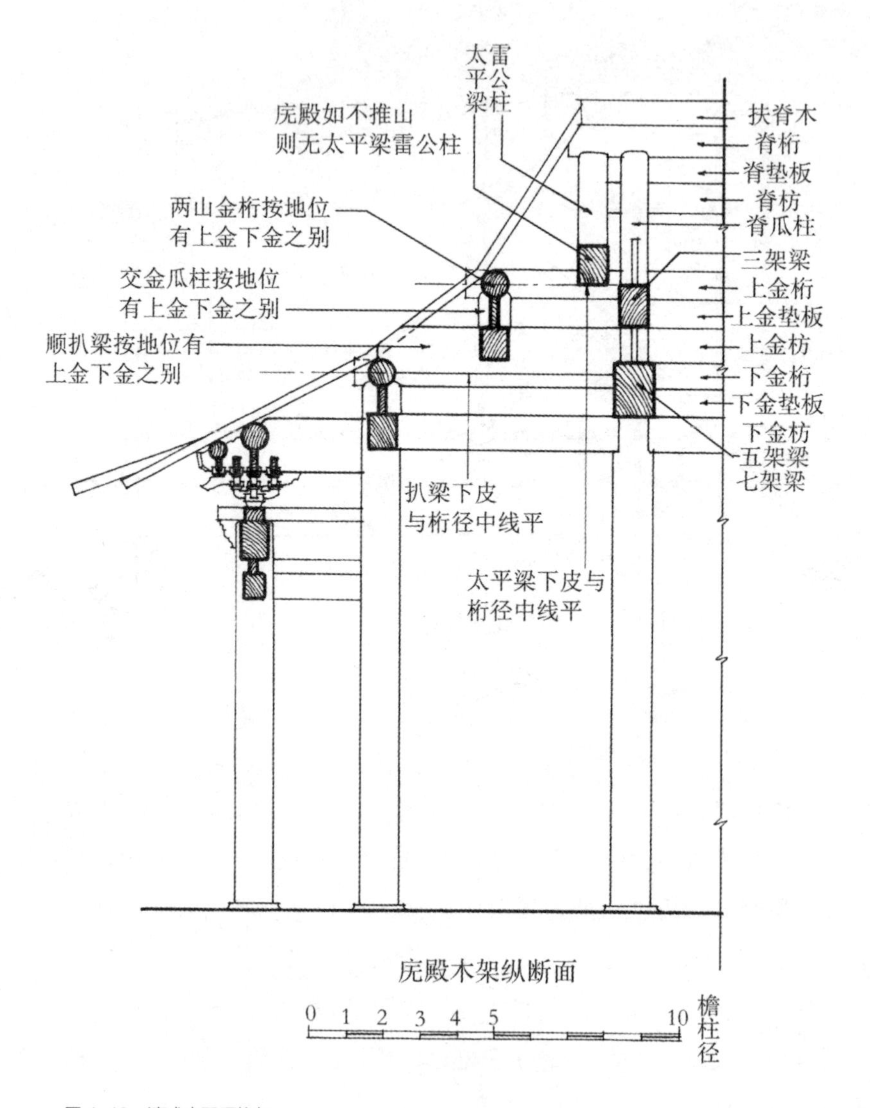

图 4-18　清式庑殿顶构架

于一点，由此点顺面阔方向将下金桁中线向外延伸 1/10 步架得山面下金桁的位置，再在正面老檐桁和山面老檐桁交点与所求出的正面下金桁与山面下金桁中线交点之间作连线，将此连线延长与正面上金桁中心相交，由此点沿面阔方向将上金桁中线向外延伸 1/10 步架，得山面上金桁的位置，再用此法向上进一步推出雷公柱的位置（图 4-19）。

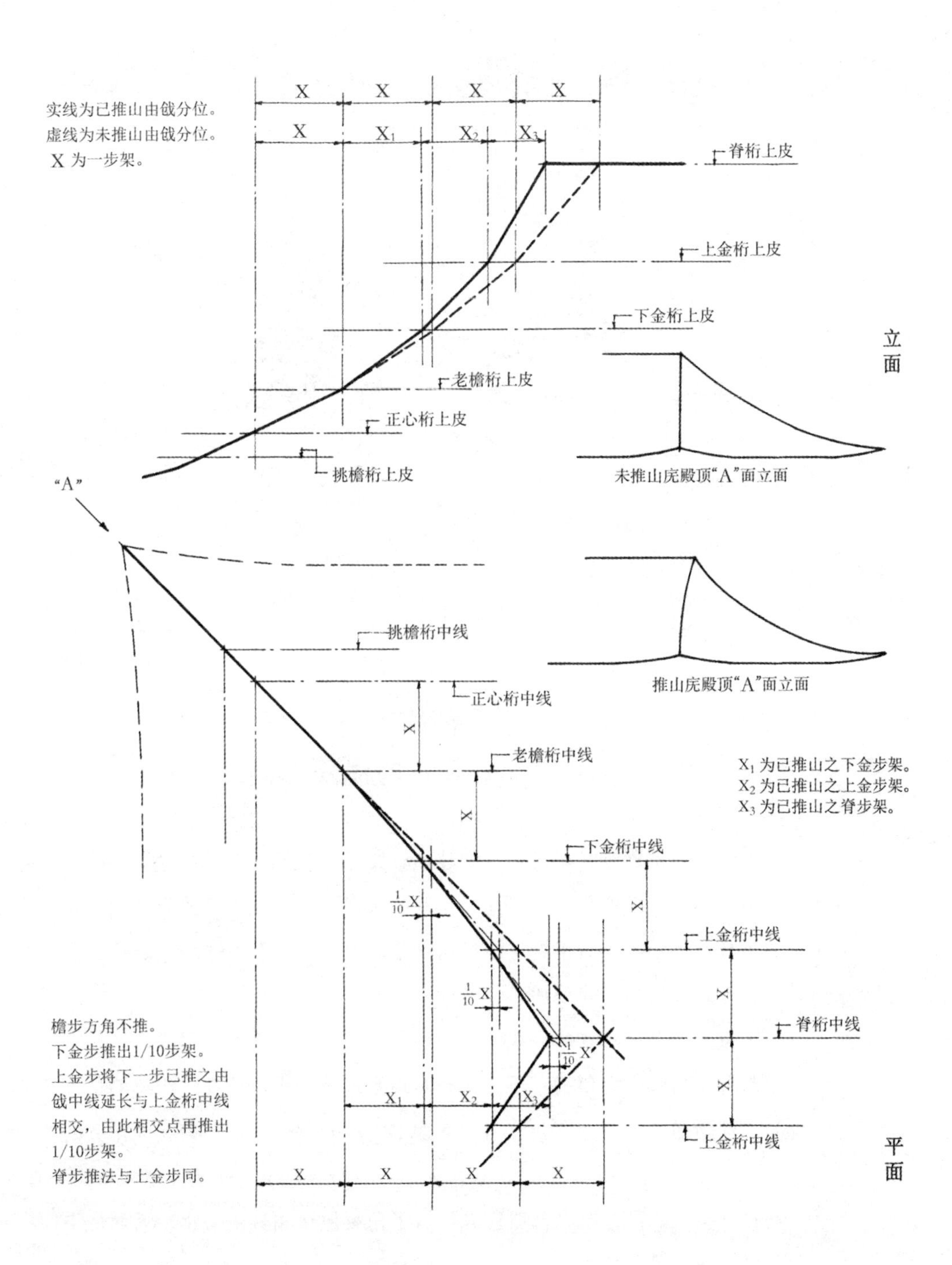
实线为已推山由戗分位。
虚线为未推山由戗分位。
X 为一步架。
X
X
X
X
X
X1
X2
X3
脊桁上皮
上金桁上皮
下金桁上皮
立
面
老檐桁上皮
正心桁上皮
挑檐桁上皮
未推山庑殿顶“A”面立面
“A”
挑檐桁中线
正心桁中线
推山庑殿顶“A”面立面
老檐桁中线
X1 为已推山之下金步架。
X2 为已推山之上金步架。
X3 为已推山之脊步架。
下金桁中线
1/10 X
上金桁中线
1/10 X
脊桁中线
1/10 X
檐步方角不推。
下金步推出1/10步架。
上金步将下一步已推之由戗中线延长与上金桁中线相交，由此相交点再推出1/10步架。
脊步推法与上金步同。
上金桁中线
平
面

图 4-19 庑殿顶推山法

四角攒尖顶可以视为正脊缩为一点的庑殿顶，其做法可以由庑殿顶做法直接推出，当然，由于四尖攒尖顶的各个坡面都应是相同的，所以也就不用推山了（图 4-20）。

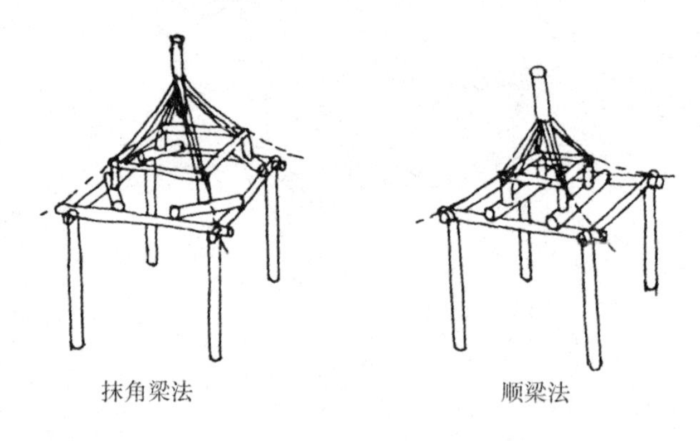

图 4-20　四角攒尖顶构架示意

第七节 飞檐翼角的做法

无论是歇山顶还是庑殿顶的建造，都牵涉飞檐翼角的做法，飞檐翼角使得建筑檐口的正面和平面投影都为一条弧线，以造成具有飞动之势的屋顶。从结构本身来看，造成这种形式的原因主要在于角梁和檐椽在安置方式和尺寸上的差别。

按照《营造法式》，在山面坡与正面坡结缝下面安角梁来承担垂脊或岔脊，角梁由大角梁、子角梁和隐角梁构成。大角梁在这组梁的最下面，其断面高为 28 ～ 30 分°，宽为 18 ～ 20 分°；子角梁在大角梁的上面，断面为高 18 ～ 20 分°，宽 15 ～ 17 分°，子角梁头伸出大角梁，并且梁头上折；按照《营造法式》，子角梁尾至角柱中心止，后面加上一段木料称“隐角梁”，隐角梁断面高为 14 ～ 16 分°，宽同大角梁或减 2 分°，梁背两边各剜出一条深 1 椽径、宽 3 分的槽，使梁的断面呈

“凸”形，以便承托椽尾（图 4-21）。但在所知实例中，子角梁和隐角梁并不分开造做，往往为一通长木梁。大角梁的前部架在橑檐槫之上，梁后尾的安法有几种，有放在平槫之下的，有放在平槫之上的，有与子角梁合抱平槫的。一般认为将角梁后尾放在平槫之上是较古的办法。

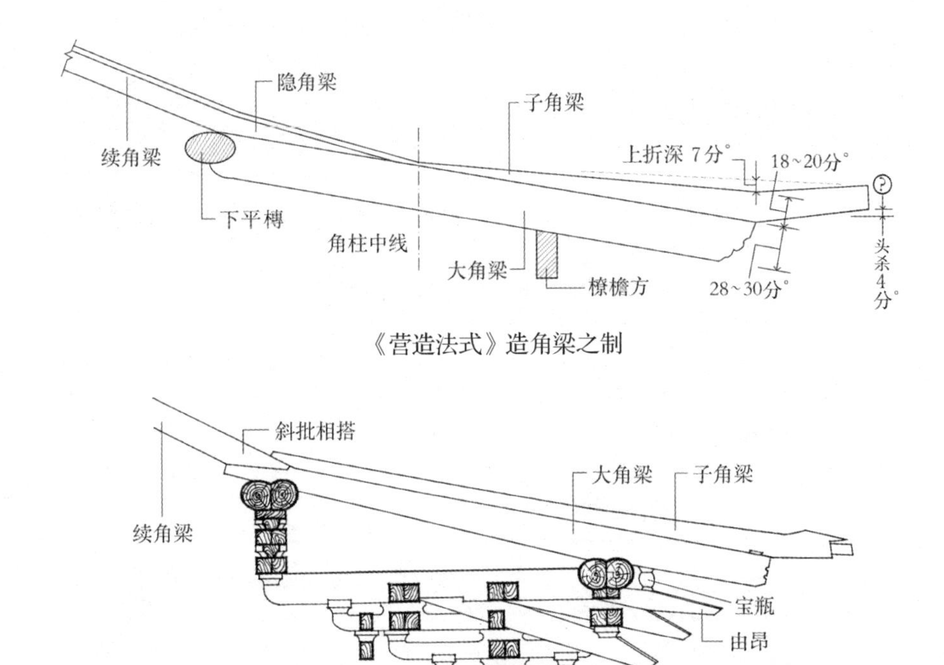

图 4-21　造角梁之制

清式的大角梁称“老角梁”，它的断面高为 4.5 斗口，宽 3 斗口。子角梁清代则称“仔角梁”，断面与老角梁相同。仔角梁卧在老角梁上（图 4-22），其前端伸出部分叫“平飞头”，平飞头要折起。其具体做法大致有三种：第一种是使平飞头与地坪相互平行；第二种则是在第一种的基础上向上折 1 斗口；第三种则是从角梁自身延长线算起向上折 1 斗口（图 4-23）。在雍正、乾隆以后的建筑中以第一种为多，第二种也有用的，第三种似为乾隆以前的做法。在清式建筑中一般都用老角梁和仔角梁后尾合抱下金桁的做法。

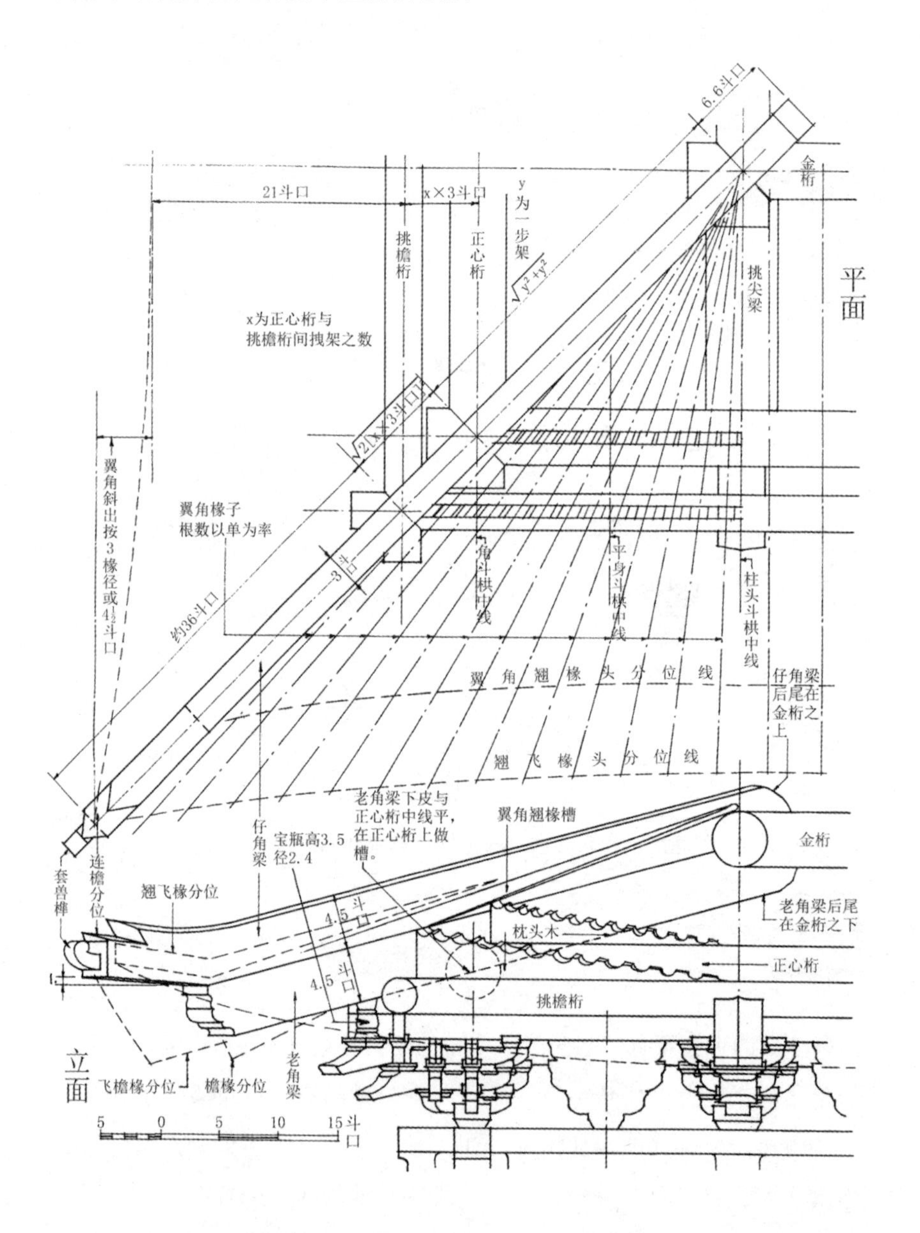

图 4-22　清代翼角檐结构图

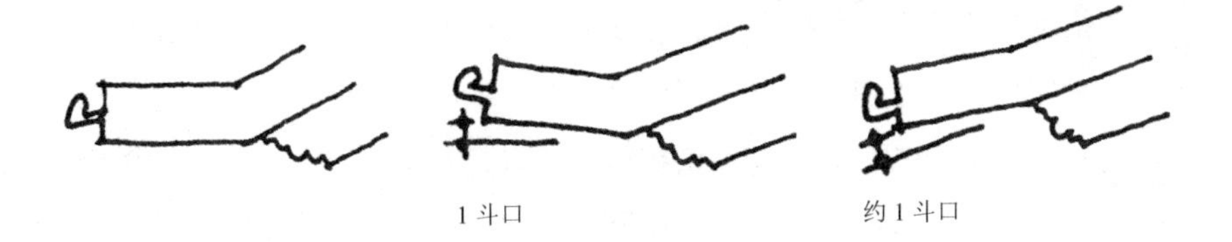

图 4-23　清代平飞头的几种样式

在翼角的仰视图中，子角梁（仔角梁）和大角梁（老角梁）分别较正身飞子（飞檐椽）和正身檐椽向外伸出一段距离，这种做法宋代称“生出”，清代称“前出翘”。宋代的生出，其具体尺寸取决于建筑的规模，一间生出 8 分°，三间生出 10 分°，五间生出 14 分°，五间以上则按上面的差距并结合具体设计定出。清代的前出翘也叫作“冲”，一般说这段距离为三椽径（或四斗口半），即所谓“冲三翘四”中的“冲三”。宋式生出从最外间的补间铺作的中心线开始，清式的前出翘一般从角柱中心线向内退进一步架的地方开始，对于体量特别大的建筑，由于檐口线较长，翼角也要相应长一些，如北京故宫太和殿翘出点在角柱中心线向内退进两步架处。在翘出点到角梁之间的檐椽和飞子，都要按照生出或冲的要求渐次加长。

因为角梁的尺寸远远大于椽子的尺寸，子（仔）角梁上皮高出椽子的上皮；并且大（老）角梁后尾往往压在槫（桁）之下，而檐椽的后尾则是安在槫（桁）之上，两者与水平面所成夹角不同。为了安瓦和做脊的合理，要将阳角转角部分的椽头渐次抬高。做法是在要抬高的檐椽下面放置一块三角形的木头，宋代称“生头木”，厚 10 分°，清代称“枕头木”，厚 1.5 斗口。宋式的起翘从角柱向里退一间的柱心起，而清式枕头木的长度则取决于起翘椽子的数量。一般说，亭子的起翘椽子为 7 ～ 11 根，普通的建筑为 13 ～ 15 根，大型建筑用 17 ～ 19 根，太和殿上的起翘椽子则多达 23 根。起翘的椽子称“翼角椽”，翼角椽习惯用单数。宋代的生头木上皮为一自然的弧线，清代的枕头木上面则在翼角椽的分位剜出椽椀。

在建筑翼角部分，椽子并不是与正身椽子平行排列，而是逐渐散开，使之能与角梁在造型上相互配合。从图 4-22 可以看出，翼角椽子的长度要大于正身椽子，故其椽径也相应加大，这就要求翼角椽间的空当要小于正身椽当。另一方面，翼角椽间的空当安排还要考虑到建筑立面造型的要求，一般说来，要使得翼角椽椽头、椽当与椽身在正立面上的投影长度之和，约略等于正身椽头宽度的 2 倍（即椽头宽加上椽当宽），通常，这个投影长度会大于正身椽头 2 倍的宽度，设计时要注意到它应从里向外逐渐加长，不应有太突兀的变化，这样才能使翼角形象平和舒展。

由于翼角椽是逐渐散开布置的，怎样安置这些椽子的后尾就成了问题。解决这个问题的一般做法是，在角梁两侧挖出深 0.5 椽径的椽槽，椽槽从角科中线与角梁边缘交点开始，椽槽越往上越浅。若建筑平面为矩形时，椽槽长度按 0.8 椽径乘以翼角椽数计；建筑平面为六角形时，椽槽长度为 0.52 椽径乘以翼角椽数；建筑平面为八角形时，椽槽长度按 0.4 椽径乘以翼角椽数。翼角椽的后尾与角梁相交处按建筑的不同，分别保留 0.8 椽径、0.52 椽径或 0.4 椽径，依次钉在角梁的椽槽之中。

翼角部分的飞子（或飞檐椽），与子角梁头配合，做成前部折起的形状，折起的确定，可用下述方法进行。根据角梁图，我们可以画出紧造角梁的第一根翘飞的侧面，在正身飞椽与这根翘飞之间，应该是一组头部逐渐加长，尾部逐渐翘高，椽子逐渐加长的翘飞。它们的变化应在正身飞椽与第一根翘飞之间，因此，可用翘飞数目等分正身飞椽与第一根翘飞两者间头部与尾部之差，由此找出翘飞头尾的递加数，联结相应各点，画出每根翘飞椽的各部分尺寸（图 4-24）。

翼角椽、翘飞的端头截面应垂直于其自身的中心线。为了与檐口的弧线配合，翘飞的端头截面并不是矩形，而是一系列形状不同的平行四边形。平行四边形的左右两边垂直于地面，其上下两平行边，随着翼角的翘起而愈向角部愈向上斜，其倾斜角度可依檐口起翘的幅度来确定。由于一般明清建筑的平行四边形椽头的变化幅度约在 0.4 椽径，所以用翘飞的根数来等分 0.4 椽径，便可得到各个翘飞头部断面的变化图解（图 4-25）。

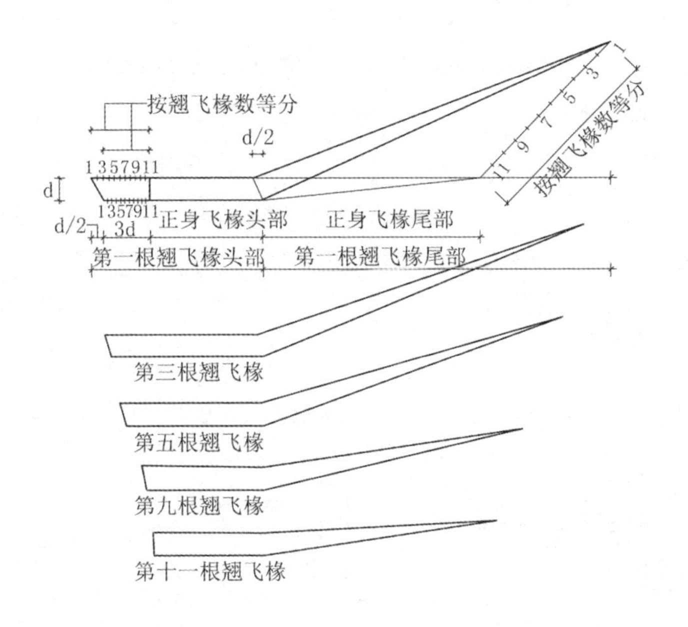

图 4-24　一组翘飞的简明变化图

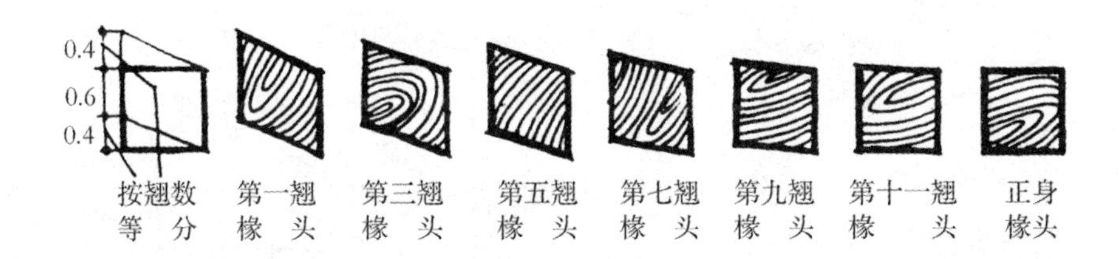

图 4-25　翘飞头部断面变化图解

上面介绍的是官式建筑的屋角起翘做法，一般说来，长江以北大多数地区的民间工匠也使用上述办法来形成屋角起翘，这种做法造成的屋顶形象稳重舒缓，与江南轻巧玲珑的屋顶形象不同。江南地区屋角起翘的做法大致有两种，即水戗发戗和嫩戗发戗，水戗发戗的木架部分基本上不起翘，主要靠屋角上的戗脊（水戗）弯起而成向上翘起的屋角，屋顶檐口从立面上看去为一水平线，在老戗上安“发铁”板，发铁端头弯成弧状挑起，并用泥灰包裹塑成预期的形状（图 4-26）。嫩戗发戗的角梁由老戗与嫩戗两部分组成，老戗就是老角梁，嫩戗就是仔角梁，因为使用嫩戗向上翘起形成屋角起翘，故称“嫩戗发戗”。嫩戗发戗并不是像官式做法那样，将仔角梁（嫩戗）顺卧在老角梁（老戗）上，而是将嫩戗与老戗成一角度斜向上指，坐在老戗之上，并用箴木将老戗和嫩戗联成一体，屋角的椽子越靠近屋角端头位置越高，戗脊顺势向上翘起，形成圆和曲线（图 4-27）。

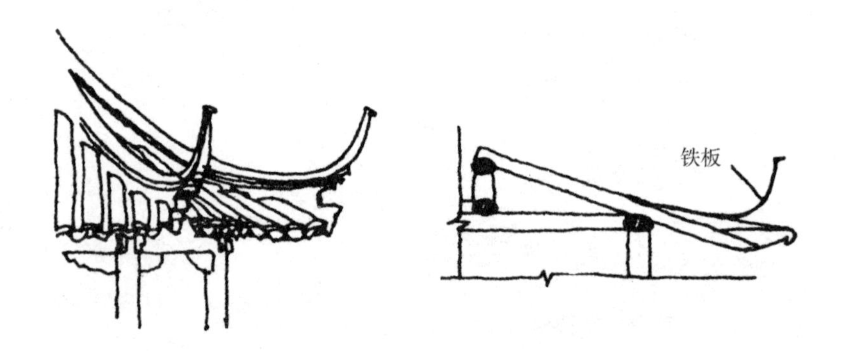

图 4-26　水戗发戗构造及建筑外观

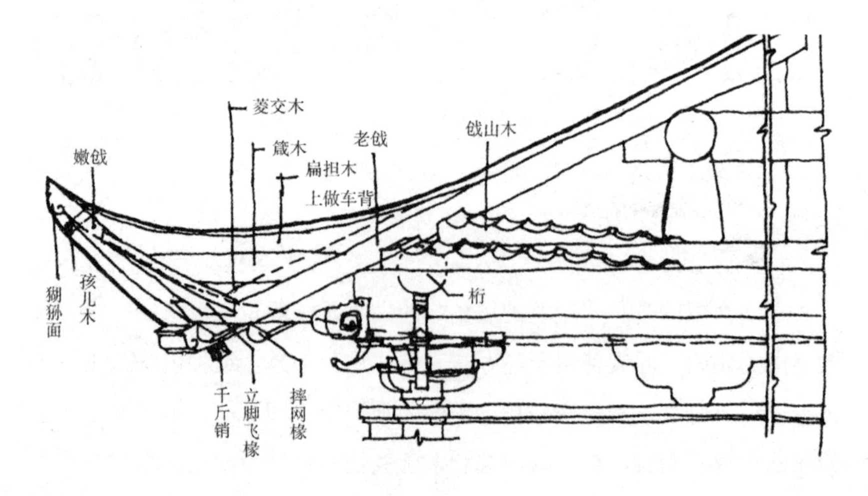

图 4-27　嫩戗发戗构造

除了上述矩形建筑之外，中国古建中还有圆形、八角形、六角形等平面，由于知道了上面的基本做法，就可以按照实际要求加以变通，做出这些形状建筑的屋顶，所以在此不多叙述，请参见图 4-28。

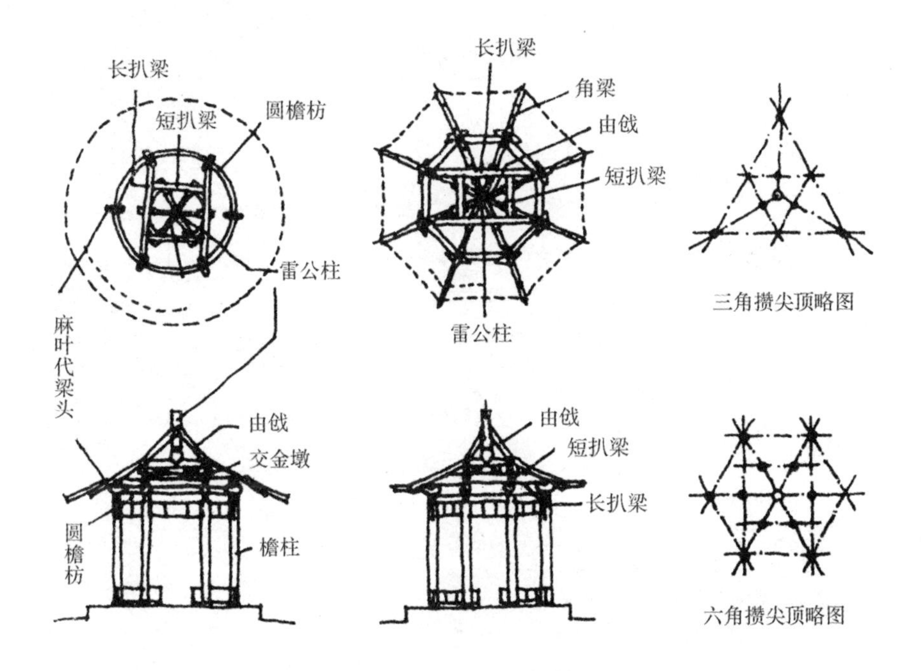

图 4-28　圆形、八角形等屋顶构造示意

第五章　榫卯·瓦作·色彩与彩画简介

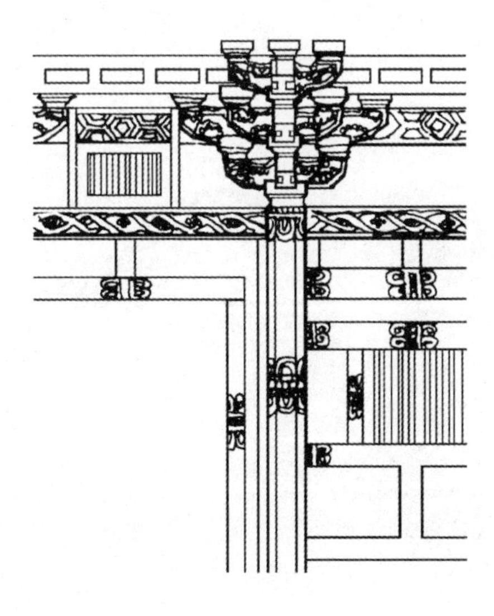

第一节
榫卯简介

中国古典木构建筑的各个构件之间一般采用榫卯联结，这种结合方式，使得建筑各节点刚柔相济，具有较好的抵消水平推力的作用。

我国古代劳动人民在长期的实践中，发展出了各种制作精巧、构造合理的榫卯样式。所谓“卯”，是指在木件上挖出的洞眼，而“榫”则是在木件上留下的准备插入“卯”的端头。在距今7000年左右的浙江余姚河姆渡遗址中发现的榫卯已经初具规模（图5-1），在当时的工具

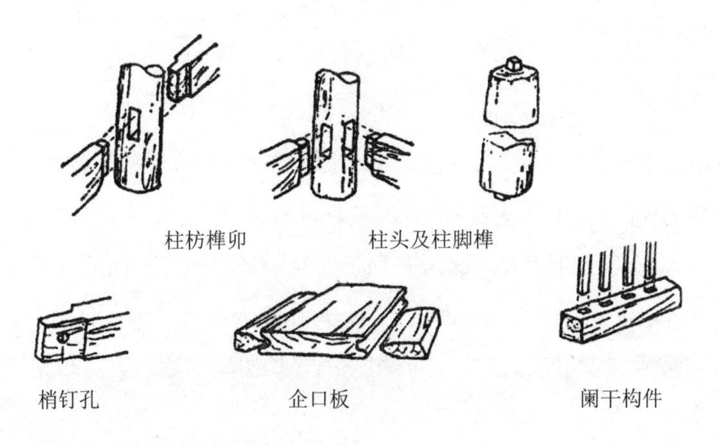

图5-1　浙江余姚河姆渡村遗址房屋榫卯

条件下能够做出这样的榫卯，不能不使人惊叹我们祖先的聪明才智。已发现的战国时的榫卯虽然是用于棺椁板材的拼接和搭交，但通过它们也可窥见其时榫卯构造已经十分成熟（图 5-2）。

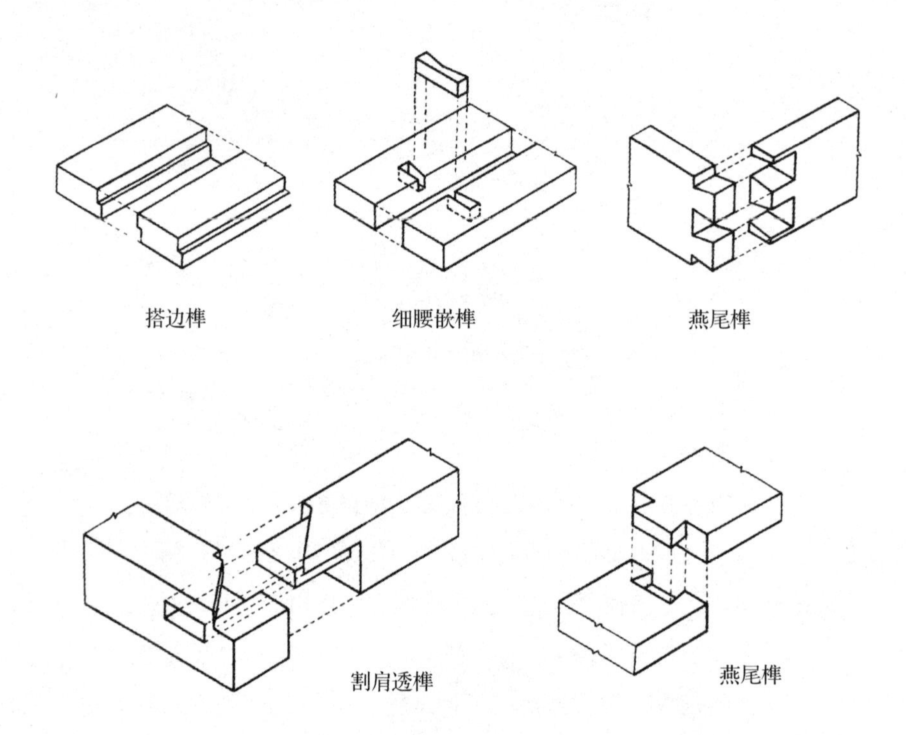

图 5-2　战国木构榫卯

在通常情况下，方向相同的槫（檩）等在同一水平上搭接，往往使用“燕尾榫”（又称“大头榫”），这种榫有带袖肩的，也可以不带袖肩，榫头有时做得上部略大，这既有利于安装，又可使构件间的连接更加牢靠。《营造法式》中的“螳螂头口”，可以视为燕尾榫的一种（图 5-3）。另外，按照《营造法式》，方向相同的普柏枋间的连接还可以用“勾头搭掌”来完成（图 5-4）。

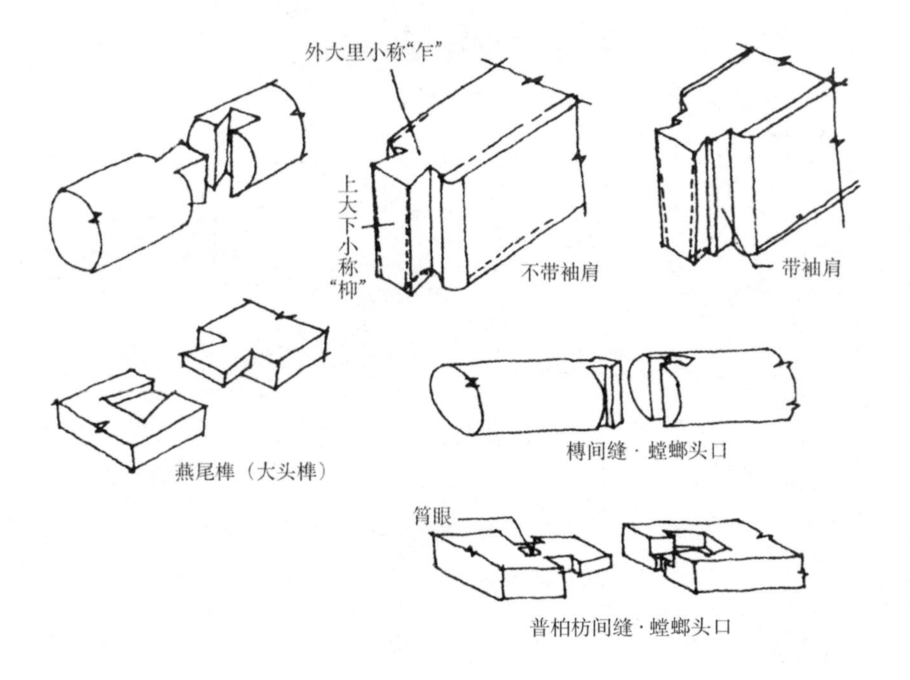

图 5-3　燕尾榫

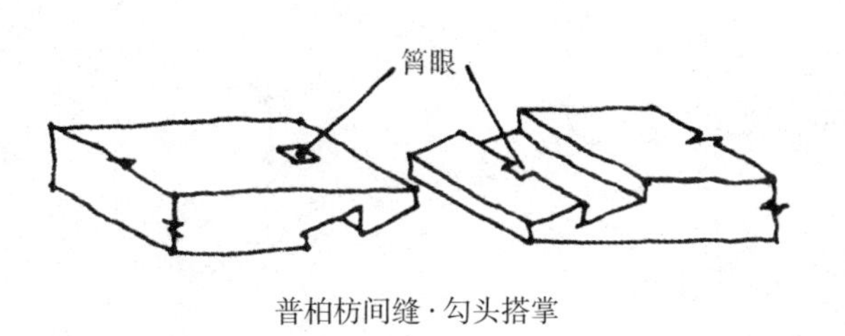

图 5-4　勾头搭掌

水平构件十字相交，如果要求构件的上皮在同一水平上，可以采用“十字刻半榫”和“十字卡腰榫”（图 5-5）。十字刻半榫多用于枋（方）和枋（方）之间交结，十字卡腰榫则多用于槫（檩）之间的交结。构件十字相交时一般要求“山面压檐面”，即进深方向的构造压在上面，而面阔方向的构件位于下方（图 5-6）。

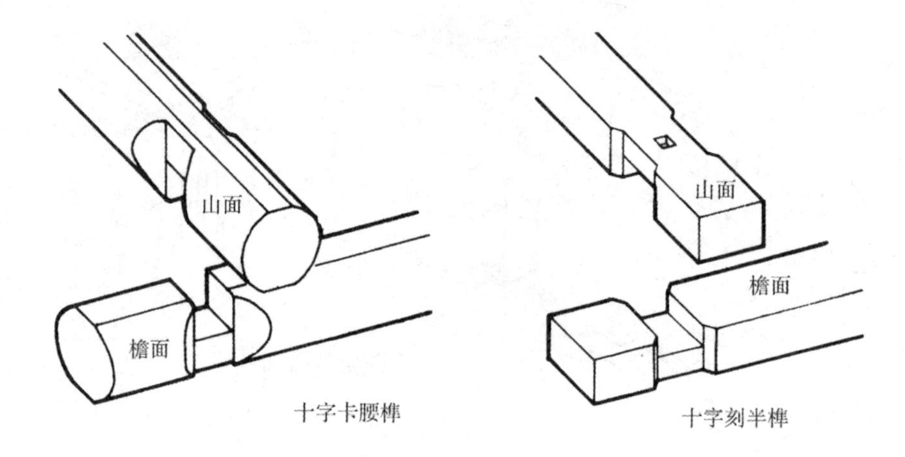

图 5-5　卡腰与刻半榫

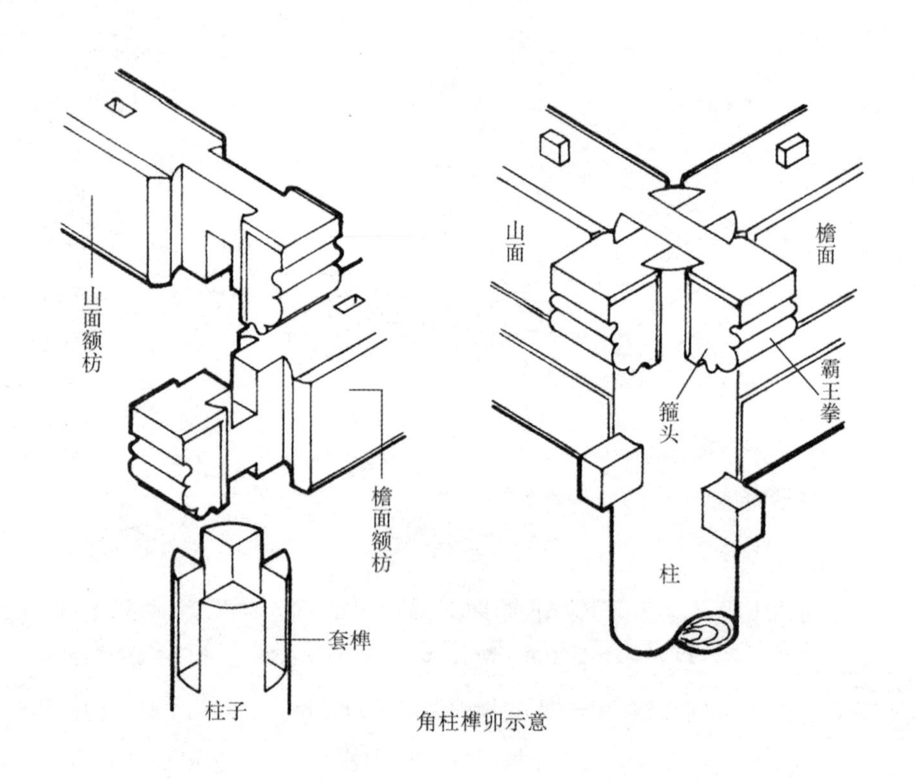

图 5-6　山面压檐面（角柱榫卯示意）

水平构件（如梁、额等）与垂直构件（如柱）相交，也可以用燕尾榫，《营造法式》中的“鼓卯”即是，而镊口鼓卯是鼓卯的更为精致的做法。如果两个水平构件在垂直构件上对穿，可以采用《营造法式》中的“藕批搭掌箫眼穿串”的结合方式（图 5-4）。梁枋如果穿透柱子，一般采用大进小出的办法，在建筑的最外一间，枋子如果穿过柱子出头，露出部分往往要有一定的处理（图 5-7）。

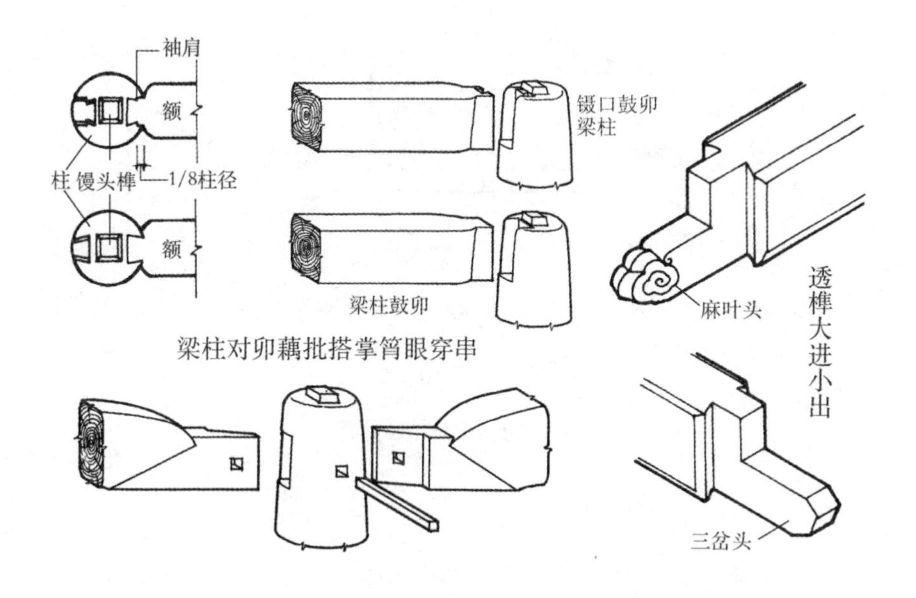

图 5-7 燕尾榫与透榫举例

如果水平构件或倾斜构件叠交，即两构件上皮不在同一水平面上，则可使用桁椀、刻榫或压掌榫等。桁椀多用于桁（檩）和梁头的十字叠交，椀深为 1/2 桁（檩）径，椀中留有“鼻子”以防止构件错动。刻榫多用在扒梁或抹角梁与桁（檩）交结处，刻榫深度约为 1/2 桁（檩）径。压掌榫又称“刻半榫”，多用于角梁和由戗之间，由戗和由戗之间以及椽子之间的叠交（图 5-8）。由戗是续在角梁之后，使用在庑殿顶正面与侧面屋面结缝下的骨干构件，宋代称为“续角梁”，由戗断面为高 4.2 斗口，宽 2.8 斗口，续角梁断面尺寸可随隐角梁。

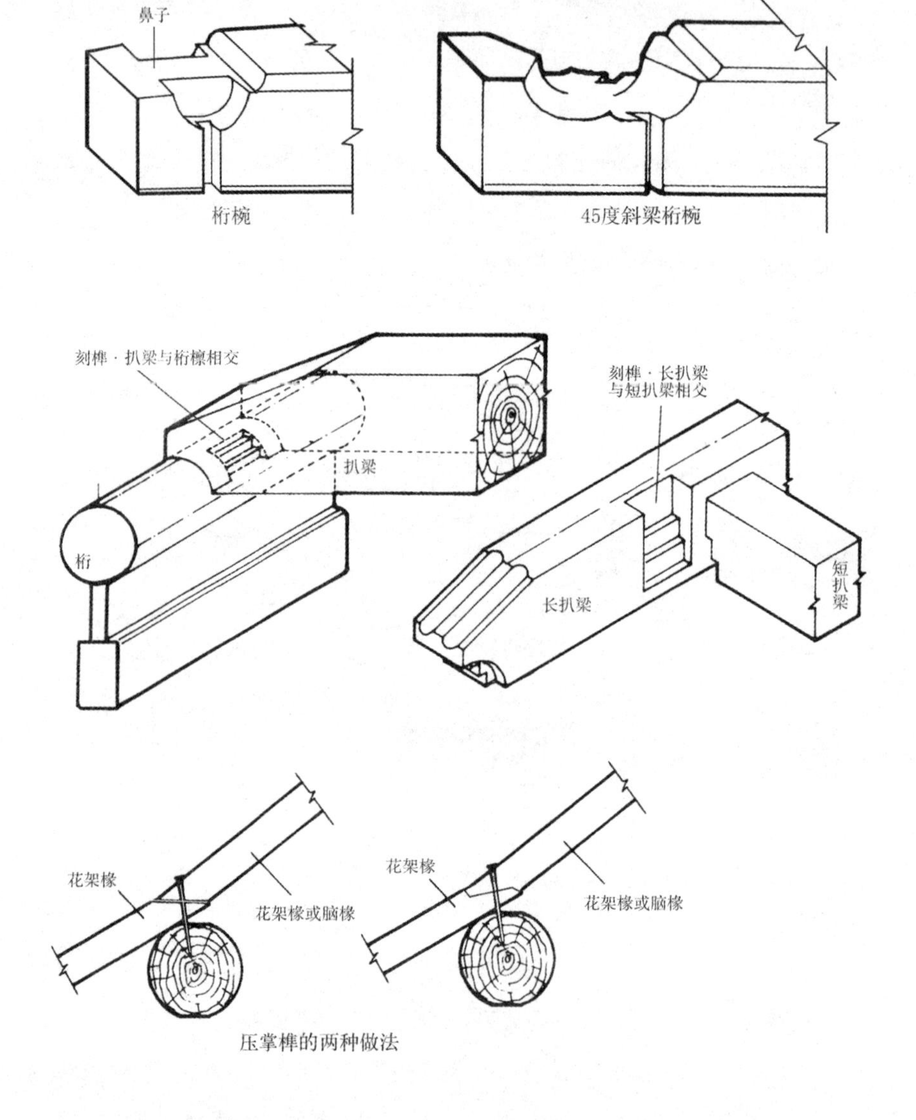

图 5-8　桁椀、刻榫与压掌榫

在柱子根部往往有“管脚榫”插入柱础上剜出的“海眼”中，有的柱子还可以做成“套顶榫”插入柱础上剜出的“透眼”中，从而使柱子更加稳固。柱头上则往往做出“馒头榫”以卡入其上部的构件（图 5-9）。

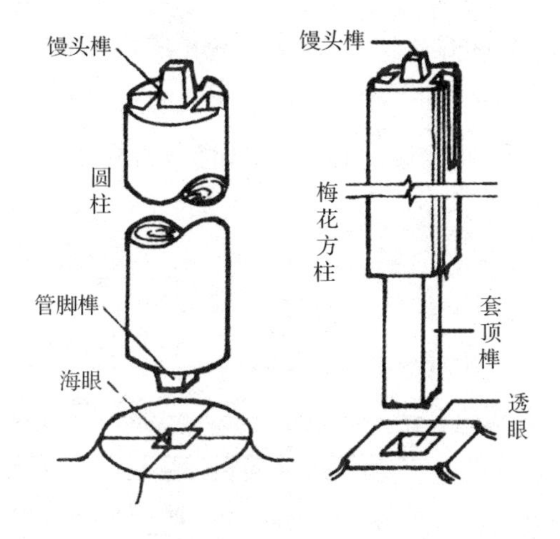

图 5-9　管脚榫和套顶榫

板材之间的拼接，可以使用“银锭扣”“穿带”“抄手带”“裁口”“龙凤榫”等，使板与板间的结合更加牢靠、严密（图 5-10）。

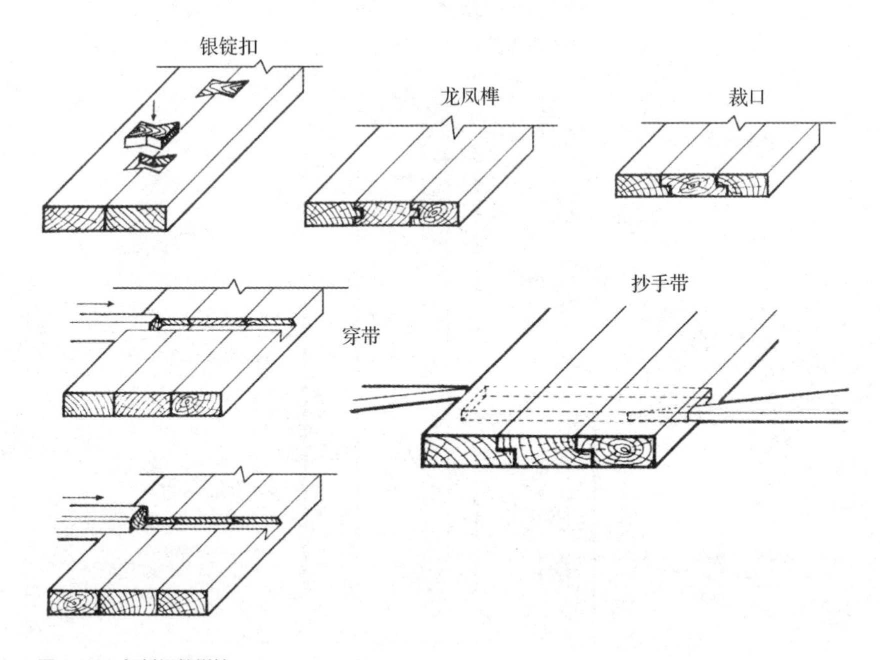

图 5-10　板材间的拼接

此外，为使构件的结合更加牢靠，在中国古典木构中还大量使用梢子，露在外面的梢子，不仅固定构件，并且有着很重要的造型意义。那些平常情况下看不到的梢子，称为“暗梢”（图 5-11 及图 3-16、图 3-17、图 3-18、图 5-7 等）。

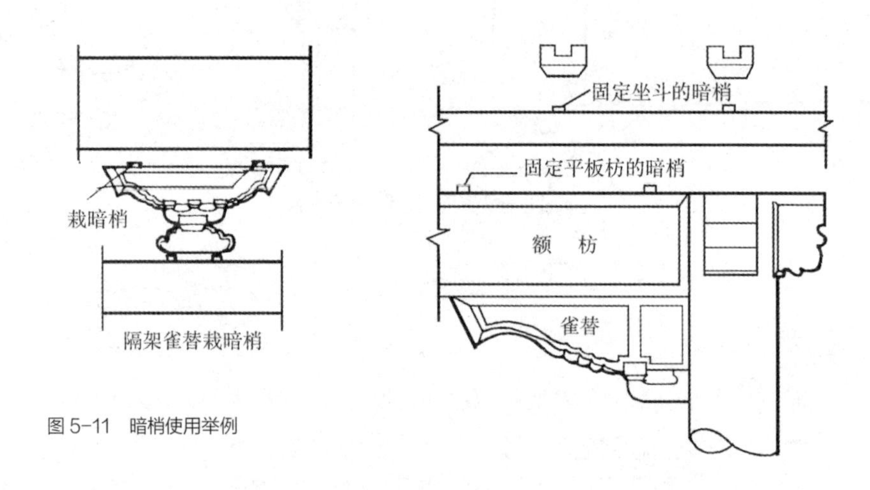

图 5-11　暗梢使用举例

使用榫卯，还可以使用小材拼成的大料整体性更好（图 5-12）。

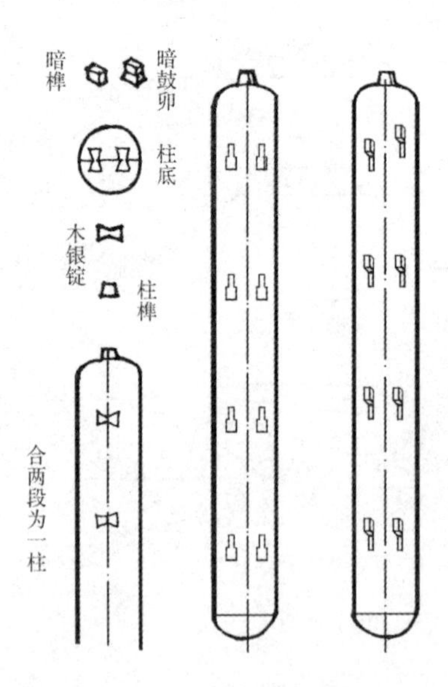

图 5-12　宋式合柱之法举例

在实际营造中，有时几个构件交汇于一点，有时一个构件同时与几个构件相交，有时构件之间不呈正角交结，在这些情况下，就会产生出十分复杂的榫卯做法，对此，这里就不再详述了，读者可以参考有关各图及下图中提供的资料（图 5-13）。

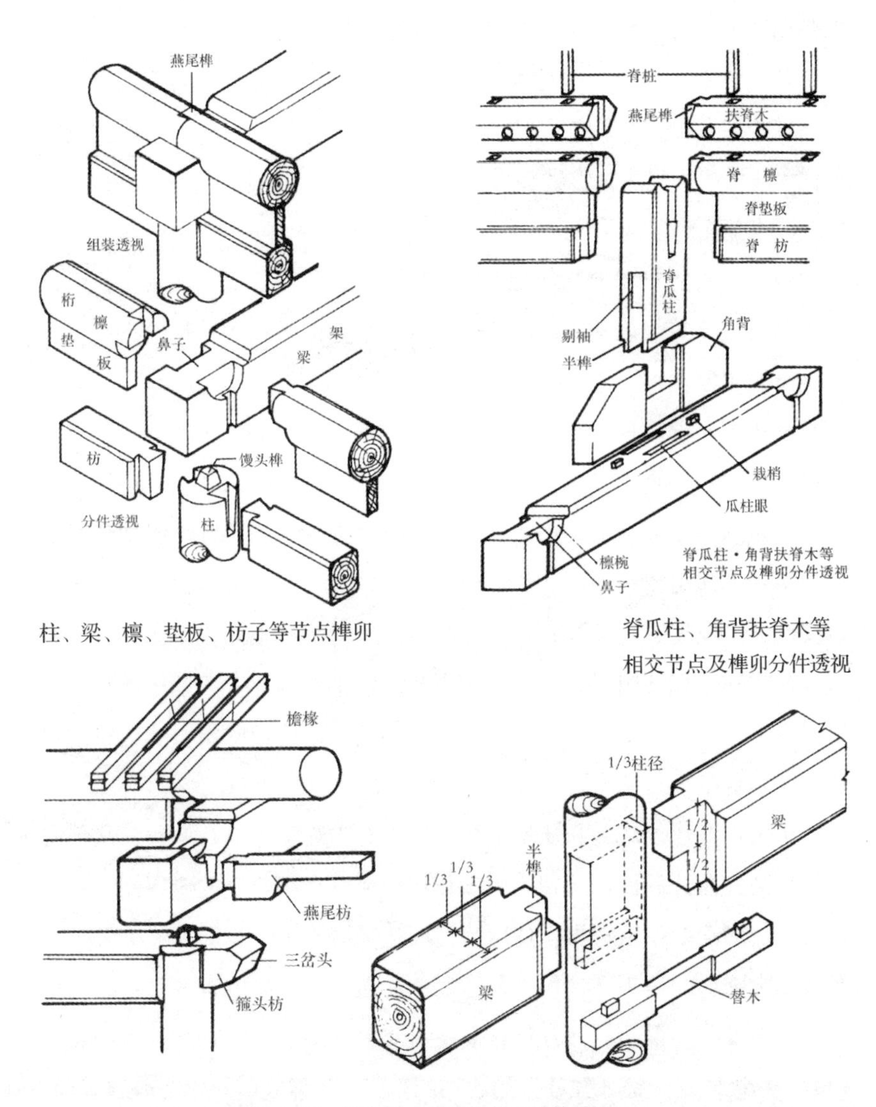

图 5-13　榫卯做法举例

第二节
瓦作简介

前面主要叙述了木骨架部分的制作，在完成了屋顶木构架部分之后，还要在其上造脊布瓦，从而形成一个完整的建筑。

首先，要在椽子上布置木板（称“望板”）或荆笆、竹笆，然后在其上用胶泥、石灰等来窑瓦。用望板的，宋称“板栈”；用荆笆或竹笆的，宋称“柴栈”。明清时宫殿多用望板覆于椽上，在望板上用称为“苫背”的灰泥来窑瓦。

中国古典建筑屋顶瓦作是形成屋顶特色的重要方面，尤其是宫殿、坛庙等高级建筑，以其富丽堂皇的色彩、丰富而生动的瓦饰给人留下难以磨灭的印象。

早在新石器时代，中国人就发明了陶器，陶器的防水性能早已为我们祖先所熟知。考古发现表明，很早人们就有用碎陶片覆盖草屋顶易漏部分的做法，在屋顶上使用的碎陶片，可以视为瓦的萌芽。已知最早的专门烧制的瓦出现在西周初年的建筑遗址中，当时瓦大概仅用于屋顶的重要部分，发现的瓦有筒瓦、板瓦和专门用于屋脊上的人字形瓦，表明那时瓦的制作和使用已经达到了相当高的水平。因此，可以推测瓦的出现应当早于西周。后来，人们又发明了琉璃瓦，这使中国古典建筑的屋顶更加丰富多彩。

中国古典建筑用瓦从质地上分，大略有陶瓦和琉璃瓦两种；从形式上分，则有筒瓦和板瓦之别。琉璃瓦和筒瓦是高级建筑的专用品。唐朝以前，琉璃瓦的使用较少。使用筒瓦的建筑檐部第一个筒瓦头上做出一个圆或半圆形的堵头，称作“瓦当”。瓦当正面一般印有各种花纹，这些花纹不仅种类很多，并且具有很高的艺术价值（图 5-14）。琉璃瓦出现后，高级建筑的铺瓦往往采用所谓的“剪边”样式，开始的剪边屋顶，主要是在檐口、脊部处使用琉璃瓦，而在其他部分使用陶瓦。后来则往往是用不同色彩的琉璃瓦互相搭配，使屋顶色彩更加具有装饰性。

图 5-14　各种瓦当

据记载，从汉代开始，在高级建筑的正脊上有鸱尾的使用。

宋代的琉璃瓦制作技术有了长足的进步，使用范围也扩大了。此时的高级建筑或用琉璃瓦与青瓦配合形成剪边式屋顶，或者全部覆以琉璃瓦。全用琉璃瓦的屋顶，也往往用不同颜色的瓦块组合出剪边式样或者其他图案。建筑的屋脊与唐代相似，常用瓦片层层叠垒而成。正脊两端的吻的样式变化很多，与唐代常常看到的鸱尾大不相同。屋顶其他部分各种瓦饰的使用使得屋顶形象更加精巧丰富，兽头、走兽等瓦饰的使用及其排列方式逐渐定型（图 5-15、图 5-16）。

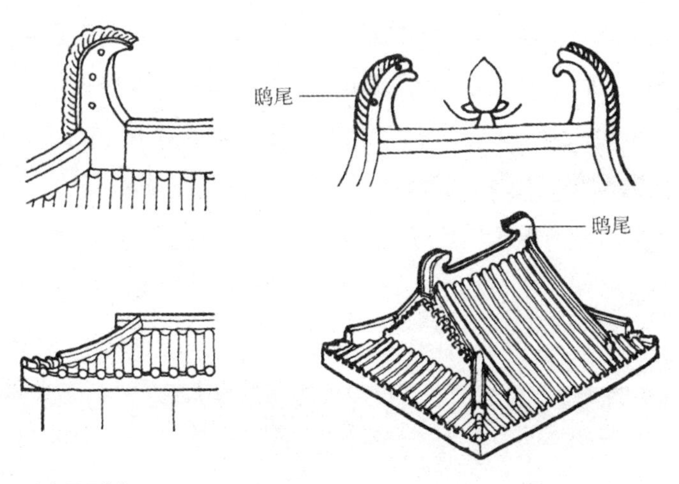

图 5-15　隋唐屋顶装饰

图 5-16　宋辽屋顶装饰

宋代用瓦，充分考虑瓦件自身尺寸与建筑其他构件之间的比例关系。《营造法式》规定，殿阁厅堂等五间以上所用筒瓦，长为 1 尺 4 寸，宽为 6 寸 5 分，仰板瓦长 1 尺 6 寸，宽 1 尺。三间以下建筑所用筒瓦长 1 尺 2 寸，宽 5 寸，仰板瓦长 1 尺 4 寸，宽 8 寸。散屋用筒瓦长 9 寸，宽 3 寸 5 分，仰板瓦长 1 尺 2 寸，宽 6 寸 5 分。小亭榭檐柱心以内面积大于 1 平方丈的，用筒瓦长 8 寸，宽 3 寸 5 分，仰板瓦长 1 尺，宽 6 寸。若面积约为 1 平方丈的，筒瓦长 6 寸，宽 2 寸 5 分，仰板瓦长 8 寸 5 分，宽 5 寸 5 分。若面积在 9 平方尺以下的，筒瓦长 4 寸，宽 2 寸 3 分，仰板瓦长 6 寸，宽 4 寸 5 分。若厅堂等使用板瓦，则五间以上者，板瓦长 1 尺 4 寸，宽 8 寸。厅堂三间以下及门楼和廊屋六椽以上的，用板瓦长 1 尺 3 寸，宽 7 寸。廊屋四椽及散屋，用板瓦长 1 尺 2 寸，宽 6 寸 5 分。

宋代正脊鸱尾的高度取决于建筑的规模，殿屋八椽九间以上并有副阶的，鸱尾高 9 尺至 1 丈，无副阶的，鸱尾高 8 尺；五间至七间（不计椽数）的建筑，鸱尾高7尺至7尺5寸；三间者，鸱尾高5尺至5尺5寸。

宋式建筑使用垒瓦屋脊，屋脊的高度也是按照建筑的规模来权衡。殿阁三间八椽或五间六椽，正脊用瓦31层叠成，垂脊比正脊低2层。堂屋三间八椽或五间六椽，正脊用瓦21层。厅屋与堂屋规模相同的，正脊较堂屋低两层。门楼屋按规模大小，正脊可用11层至17层瓦叠成。廊子等小型建筑可用7层或9层瓦叠成正脊。建筑的规模每增加两间或两椽，正脊用瓦增加2层，殿阁正脊最高为37层，厅堂正脊最高为25层，门楼最高为19层，廊子等最高为11层。

殿阁在垂脊上用走兽者，每隔三瓦或五瓦使用一权，宋代的走兽有九种，分别为：行龙、飞凤、行师、天马、海马、飞鱼、牙鱼、狻狮、獬豸。走兽的长度应与建筑上所用的筒瓦长度相同。

殿阁垂背上用兽头时，兽头的高度取决于正脊用瓦的层数。正脊37层的，兽头高4尺，正脊用瓦每减2层，兽高减5寸。堂屋正脊用兽时，从正脊瓦25层、兽高3尺5寸起，正脊瓦每减2层，兽高减5寸，垂脊上的兽头高比正脊上的兽高减2寸。廊屋正脊用兽时，正脊瓦9层，兽高2尺；7层，兽高1尺8寸。其他小型建筑，正脊7层者，兽高1尺6寸，5层者，兽高1尺4寸，垂脊兽高比正脊兽高低2寸。

清代屋顶瓦作分为大式瓦作和小式瓦作，大式瓦作用筒瓦骑缝，并用特制的脊瓦成脊，脊上安有吻兽、仙人、走兽等。小式不用吻兽，多用青板瓦盖缝。虽然大式瓦作不一定用于大式木架上，但大式木架上却少有用小式瓦作的。

宫殿坛庙所用的瓦多为大式，普通民房只能用小式青瓦。不论大式小式，琉璃瓦青瓦，用法大致相同。布置瓦时，先将板瓦的凹面向上，顺着屋顶层层叠置，上面一块压着下面一块的7/10，谓之“压七露三”，当然“压七露三”是较高级的做法，一般房屋能做到“压六露四”也就相当不错了。这样的一列瓦称为“一陇”，每陇仰瓦最下面一块做出滴水。陇与陇之间的缝隙用筒瓦覆盖的一般为大式，覆盖在陇缝上的筒瓦最下边一块的圆形堵头叫作“勾头”或“瓦当”。陇缝如用板瓦覆盖，则是小式，其滴水和勾头都用微微卷起的花边瓦来代替。

除了卷棚顶（又称“泥鳅脊”）外，各种屋顶都有正脊，大式建筑的正脊由脊桁和扶脊木构成骨架，顺着扶脊木在最上面一层瓦上放当沟，当沟上放押带条、群色条、连砖、然后在连砖上置通脊，通脊上面覆盖脊筒瓦。为了使正脊稳固，在瓦件与木构架之间灌满灰浆，灰浆中埋有脊桩，脊桩一端插入扶脊木，一端贯入通脊。正脊两端设有正吻，正吻在清代主要为龙头口衔正脊的样子，在山面吻的下部有吻座，正吻背上有剑把，背后有吻兽。

垂脊对于庑殿顶来说，是指山面坡与正面坡交结处的斜向脊，这种脊共有四条，它们以由戗和角梁为骨架，从瓦作上可以分为兽前和兽后两大段。为了叙述方便，我们从最下端说起；在仔角梁头上做有套兽榫以安套兽，梁上用扒头和窜头形成一个底座，底座上置仙人，仙人背后是一例走兽，清式走兽共有十种，它们是：龙、凤、狮子、天马、海马、狻猊、押鱼、獬豸、斗牛、行什（图 5-17）。使用几件走兽，与建筑的等级与檐柱高度有关，大约是柱每高 2 尺可以用一件，走兽的数目要用单数。在最后一兽的后面放一块筒瓦，接着安垂兽，垂兽的位置要照准山面正心桁与正面正心桁中线的交点。垂兽与正吻之间的做法与正脊的做法大致相同。我们把垂兽前面的一段叫作“兽前”，垂兽后面的一段叫作“兽后”（图 5-18）。

图 5-17　清式仙人与走兽

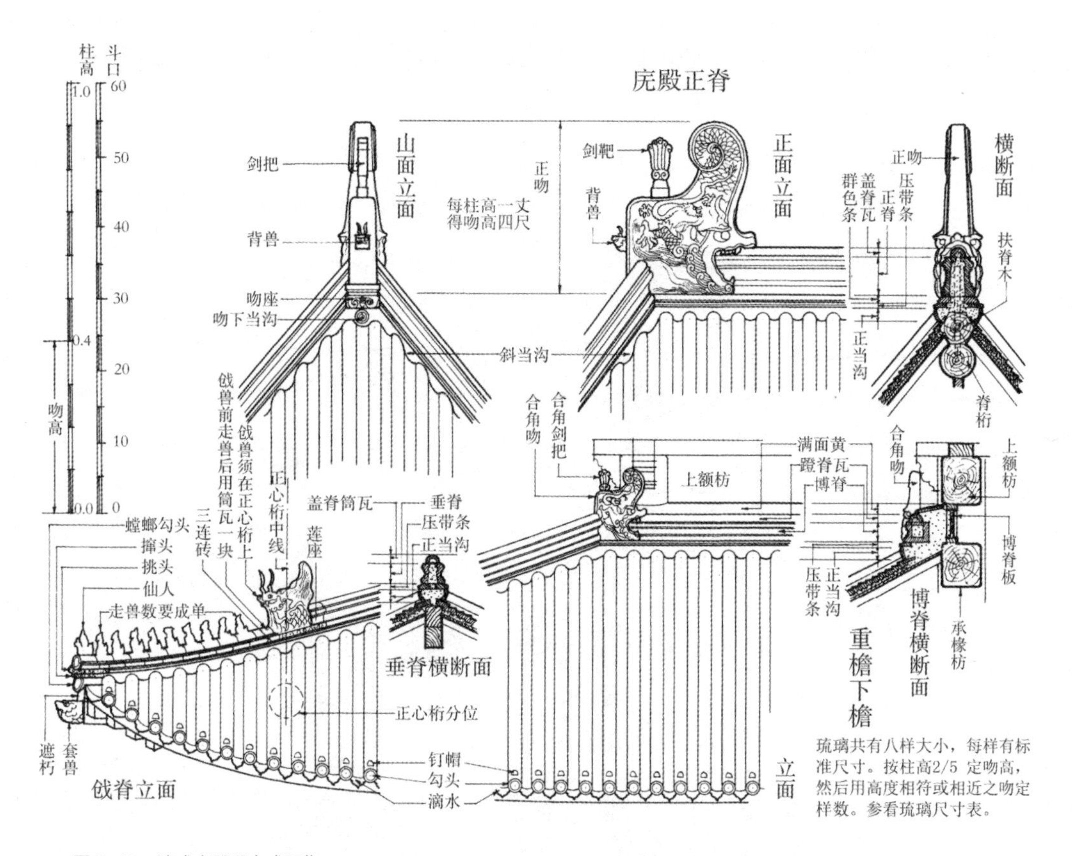

图 5-18　清式庑殿顶大式瓦作

硬山顶和悬山顶的垂脊是指屋面与山墙或搏风板接缝处的脊。它们的垂兽位于檐桁中心线之上，屋脊仍分兽前兽后两部分，兽前的走兽朝向顺着垂脊，但仙人则面向外转，与垂脊呈 45 度角布置。垂脊外侧，将勾头和滴水与垂脊呈直角布置，顺着山墙或搏风板排列，称作“排山勾滴”。若有正脊，就照着正脊的中心线，用一块勾头；若是卷棚顶，则照着卷棚的中线，安一滴水。

歇山可以看作是两坡顶与庑殿顶相结合而成，其上半部分，做法与悬山顶兽后部分做法相同，并以垂兽收头。下半部分，则与庑殿顶垂脊的做法相同，只是不称“垂脊”而称“戗脊”，垂兽也改称“戗兽”。

戗脊由下向上，顺次排列仙人、走兽和戗兽，戗脊后尾与悬山顶部分的垂脊相交。另在山面坡与山花板相交处设一条水平脊，称为“博脊”，其做法是在山面当沟及压带条之上安承缝连砖，上覆博脊瓦或蹬脚瓦，再接满面黄或满面绿，倚在山花板上。博脊两端的承缝连砖做成尖形，隐入搏风勾滴之下的称作“挂尖”（图 5-19）。

重檐建筑的上层屋顶做法与单檐者相同，下层的做法是在老檐柱间设承椽枋，枋上用博脊板，顺着博脊板安博脊瓦等以及满面黄或满面绿，转角处安合角吻，绕过老檐柱。

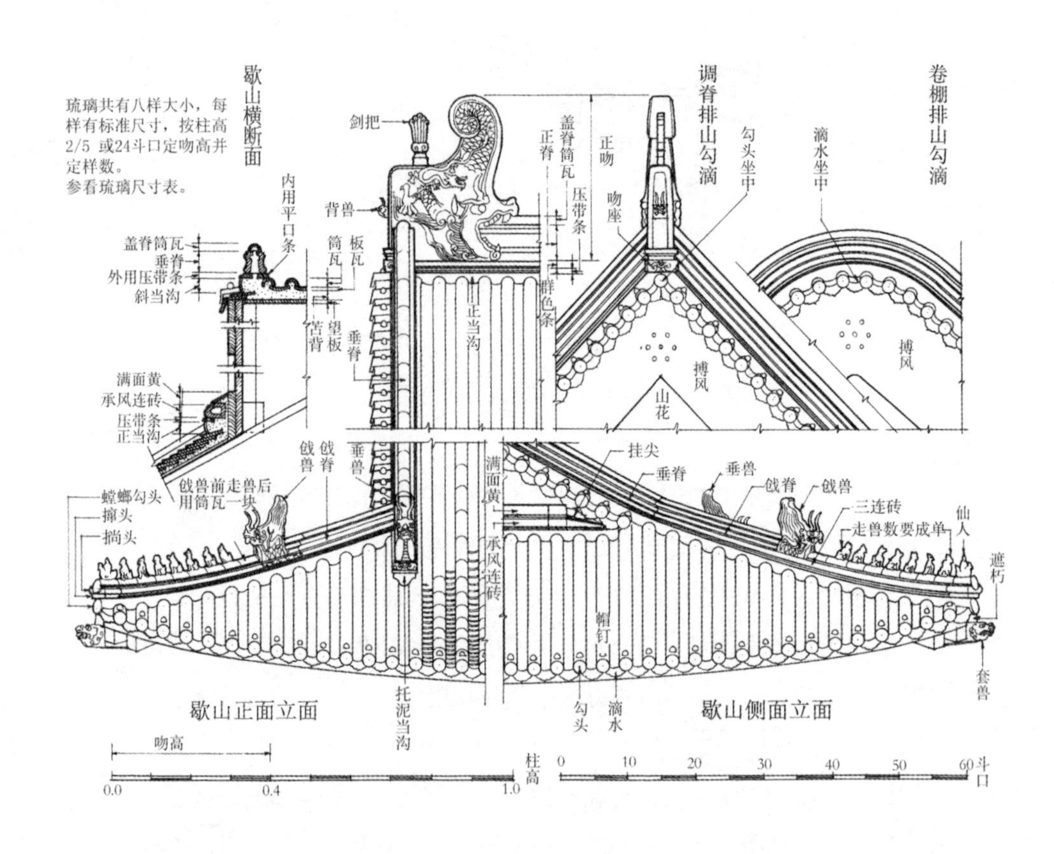

图 5-19　清式歇山顶大式瓦作

建筑规模和等级不同，所使用的瓦件尺寸也不相同，对于琉璃构件的规格，清代官方也有明确规定，《大清会典则例》载："二十年议准，琉璃砖瓦，大小不等，共有十样。"其中最大规格的是"一样"，最小的是"十样"，但实际上应用的只有二样到九样共八个规格，各个规格的构件尺寸可参见表5-1。清代的北京故宫太和殿重檐庑殿顶，面阔十一间，进深十五檩，采用二样琉璃。保和殿，重檐歇山顶，面阔九间，进深五间，用三样琉璃。北京故宫的钦安殿，重檐盝顶，面阔五间，进深三间，用四样琉璃。至于等级稍低，规模较小的建筑，则可采用五样或六样琉璃。

攒尖顶的瓦面，一般有两种做法，由于瓦陇越往上面积越小，可以使用竹子筒瓦和竹子板瓦。所谓竹子筒瓦、竹子板瓦，是专用于圆攒屋顶上的一种异形瓦，瓦的平面形状做成下大上小的梯形，以适应攒尖顶层面面积越往上越小的情况。也可以使用普通的筒瓦和板瓦，这时一些瓦陇还未到顶就为戗脊所截断，故瓦陇数越往上越少。北京天坛祈年殿为前一种做法，而北京故宫的交泰殿为方攒尖顶，则使用了后一种做法。

清式兽吻的高度确定方法与宋代不同，它不是按照房屋的正面间数来确定的，而是按照建筑的檐柱高度来确定的，通常兽吻的高度为檐柱高的2/5。如果我们定下了建筑的檐柱高度，便可以大致确定兽吻的高度；知道了兽吻的高度，也就可以大致确定使用第几样琉璃。

表5-1　常用琉璃构件规格尺寸参数表　　单位：厘米

构件名称	尺寸	样别							
		二样	三样	四样	五样	六样	七样	八样	九样
正吻（龙吻）	高	336.0	294.0	256.0	176.0	144.0	109.0	70.0	70.0
	宽	291.0	234.0	202.0	118.0	93.0	59.0	53.0	53.0
	厚	70.0	61.0	51.0	34.0	27.0	21.0	16.0	16.0
剑把（剑靶）	高	104.0	86.4	77.0	48.0	38.0	30.0	20.8	20.8
	宽	57.0	51.0	42.0	31.0	22.0	12.8	11.0	11.0
	厚	11.2	9.6	8.9	8.6	8.3	6.7	5.8	5.0

↘续表

构件名称	尺寸	样别							
		二样	三样	四样	五样	六样	七样	八样	九样
背兽	正方	31.7	29.0	26.0	18.0	16.0	13.0	8.0	8.0
		31.7	29.0	26.0	18.0	16.0	13.0	8.0	8.0
		31.7	29.0	26.0	18.0	16.0	13.0	8.0	8.0
吻座	长	50.0	46.0	38.0	34.0	30.0	29.0	19.0	19.0
	宽	40.0	32.0	29.0	26.0	22.0	27.0	6.7	6.1
	高	36.0	32.0	19.0	18.0	16.0	19.0	9.3	8.7
赤脚通脊	长	89.6	83.2	76.8					
	宽	54.4	48.0	45.0					
	高	61.0	54.0	48.0					
黄道	长	76.8	76.8	76.8					
	宽	54.4	48.0	45.0					
	高	21.0	18.0	18.0					
大群色	长	76.8	76.8	76.8					
	宽	54.4	48.0	45.0					
	高	21.0	14.0	13.0					
群色条	长				41.6	41.6	35.2		
	宽				9.6	8.0	6.4		
	高				13.0	8.0	4.0		
正脊筒（通脊）	长				73.6	70.4	70.4	48.0	48.0
	宽				29.0	27.2	21.0	16.0	13.0
	高				37.0	29.0	27.2	18.0	18.0
垂兽（兽头）	长	67.2	61.0	58.0	48.0	38.4	32.0	25.6	19.2
	宽	35.0	32.0	29.0	26.0	22.0	19.2	16.0	13.0
	高	70.4	61.0	58.0	48.0	38.4	32.0	25.6	19.2
垂兽座	长	35.2	32.0	29.0	26.0	22.4	19.0	16.0	13.0
	宽	7.1	6.4	5.8	5.1	4.5	3.9	3.2	2.6
	高	64.0	58.0	51.2	45.0	38.4	32.0	26.0	22.4
连座	长	118.4	89.6	86.4	70.4	67.2	41.6	29.0	29.0
	宽	35.2	32.0	29.0	26.0	22.4	16.0	13.0	9.6
	高	51.2	46.4	37.0	29.0	27.2	17.6	14.4	11.2
大连砖	长	57.6	51.2	44.8					
	宽	27.2	27.0	26.0					
	高	11.1	10.6	10.0					
三连砖	长				41.6	38.4	35.2	32.0	29.0
	宽				25.0	22.4	19.2	16.0	13.0
	高				8.3	8.0	7.7	7.4	7.1
小连砖	长							32.0	29.0
	宽							16.0	13.0
	高							6.4	5.8

↘ 续表

构件名称	尺寸	样别							
		二样	三样	四样	五样	六样	七样	八样	九样
垂脊筒（垂通脊）	长	99.2	89.6	83.2	76.8	70.4	64.0	61.0	54.4
	宽	38.4	32.0	29.0	26.0	22.4	16.0	13.0	10.0
	高	53.0	48.0	37.0	29.0	27.2	18.0	14.4	11.2
戗兽（截兽）	长	59.2	56.0	46.4	38.4	32.0	26.0	19.2	16.0
	宽	32.0	29.0	26.0	22.4	19.2	16.0	13.0	10.0
	厚	32.0	29.0	26.0	22.4	19.2	16.0	13.0	10.0
兽座（截兽座）	长	58.0	51.2	45.0	38.4	32.0	26.0	19.2	13.0
	宽	32.0	29.0	26.0	22.4	19.2	16.0	13.0	10.0
	厚	6.4	5.8	5.1	4.5	3.9	3.2	2.6	1.9
戗脊筒	长	89.6	83.2	77.0	70.4	64.0	61.0	54.4	48.0
	宽	32.0	29.0	26.0	22.4	16.0	13.0	10.0	6.4
	高	46.4	37.0	29.0	27.2	18.0	14.4	11.2	8.0
撺头	长	49.6	49.6	49.6	45.0	40.4	36.8	33.6	27.2
	宽	27.2	27.2	25.0	24.0	23.0	22.0	21.0	20.0
	高	9.0	8.3	8.0	7.4	6.7	6.4	6.1	5.8
捎扒头	长	49.6	48.0	45.0	36.5	32.0	30.4	30.0	29.8
	宽	27.2	27.2	25.0	24.0	23.0	22.0	21.0	20.0
	高	9.0	8.3	8.0	8.0	7.0	6.7	6.4	6.1
列角盘子	长						38.0	33.6	27.2
	宽						22.0	21.0	20.0
	高						7.7	6.1	5.8
灵霄盘子（三仙盘子）	长						38.0	33.6	27.2
	宽						22.0	21.0	20.0
	高						7.7	6.1	5.8
仙人	长	43.2	40.0	37.0	35.2	32.0	30.4	29.0	27.2
	宽	21.0	19.2	18.0	16.0	14.4	13.0	11.0	6.4
	高	49.6	43.2	40.0	33.6	22.4	19.2	13.0	13.0
龙	长	43.2	38.4	33.6	29.0	19.2	17.6	11.2	11.2
	宽	21.0	19.2	18.0	16.0	14.4	13.0	11.1	6.4
	高	43.2	38.4	33.6	29.0	19.2	17.6	11.2	11.2
凤	长	43.2	38.4	33.6	29.0	19.2	17.6	11.2	11.2
	宽	21.0	19.2	18.0	16.0	14.4	13.0	11.1	6.4
	高	43.2	38.4	33.6	29.0	19.2	17.6	11.2	11.2
狮子	长	43.2	38.4	33.6	29.0	19.2	17.6	11.2	11.2
	宽	21.0	19.2	18.0	16.0	14.4	13.0	11.1	6.4
	高	43.2	38.4	33.6	29.0	19.2	17.6	11.2	11.2
天马	长	43.2	38.4	33.6	29.0	19.2	17.6	11.2	11.2
	宽	21.0	19.2	18.0	16.0	14.4	13.0	11.1	6.4
	高	43.2	38.4	33.6	29.0	19.2	17.6	11.2	11.2

↘续表

构件名称	尺寸	样别							
		二样	三样	四样	五样	六样	七样	八样	九样
海马	长	43.2	38.4	33.6	29.0	19.2	17.6	11.2	11.2
	宽	21.0	19.2	18.0	16.0	14.4	13.0	11.1	6.4
	高	43.2	38.4	33.6	29.0	19.2	17.6	11.2	11.2
狻猊	长	43.2	38.4	33.6	29.0	19.2	17.6	11.2	11.2
	宽	21.0	19.2	18.0	16.0	14.4	13.0	11.1	6.4
	高	43.2	38.4	33.6	29.0	19.2	17.6	11.2	11.2
押鱼	长	43.2	38.4	33.6	29.0	19.2	17.6	11.2	11.2
	宽	21.0	19.2	18.0	16.0	14.4	13.0	11.1	6.4
	高	43.2	38.4	33.6	29.0	19.2	17.6	11.2	11.2
獬豸	长	43.2	38.4	33.6	29.0	19.2	17.6	11.2	11.2
	宽	21.0	19.2	18.0	16.0	14.4	13.0	11.1	6.4
	高	43.2	38.4	33.6	29.0	19.2	17.6	11.2	11.2
斗牛	长	43.2	38.4	33.6	29.0	19.2	17.6	11.2	11.2
	宽	21.0	19.2	18.0	16.0	14.4	13.0	11.1	6.4
	高	43.2	38.4	33.6	29.0	19.2	17.6	11.2	11.2
行什	长	43.2	38.4	33.6	29.0	19.2	17.6	11.2	11.2
	宽	21.0	19.2	18.0	16.0	14.4	13.0	11.1	6.4
	高	43.2	38.4	33.6	29.0	19.2	17.6	11.2	11.2
吻下当沟（吻匣当沟）	长	48.0	33.6	33.6	30.4	27.2	24.0	21.0	17.6
	宽	27.0	25.6	24.0	22.4	21.0	19.2	17.9	16.0
	高	25.6	25.0	22.4	22.4	19.2	19.2	16.0	16.0
托泥当沟	长	38.4	36.8	35.2	35.2	35.2	24.6	22.0	17.6
	宽	27.2	26.0	24.0	22.4	21.0	19.2	17.6	16.0
	高	26.0	25.0	25.0	22.4	21.0	19.2	16.0	16.0
平口条	长	35.2	32.0	32.0	29.0	24.0	22.4	21.0	19.2
	宽	10.0	9.3	8.6	8.0	7.3	6.4	5.4	4.5
	高	16.0	11.0	6.4	2.9	1.6	1.6	1.6	1.6
压带条（压当条）	长	35.2	32.0	32.0	29.0	24.0	22.4	21.0	19.2
	宽	9.9	9.3	9.2	8.0	7.4	6.4	5.4	4.5
	高	13.0	11.0	6.4	2.9	1.6	1.6	1.6	1.6
正当沟	长	38.4	34.0	32.0	29.0	26.0	22.4	21.0	19.2
	宽	27.2	25.6	24.0	22.4	21.0	19.2	16.0	16.0
	高	19.2	16.0	19.2	17.6	13.0	16.0	9.6	9.6
斜当沟	长	56.0	51.2	48.0	43.2	38.4	32.0	29.0	9.6
	宽	27.2	25.6	24.0	22.4	21.0	19.2	17.6	16.4
	高	25.6	25.6	19.2	19.2	16.0	16.0	16.0	16.0
套兽	长	30.4	24.0	22.4	21.0	19.2	17.5	16.0	13.0
	宽	30.4	24.0	22.4	21.0	19.2	17.5	16.0	13.0
	高	30.4	24.0	22.4	21.0	19.2	17.5	16.0	13.0

↘续表

构件名称	尺寸	样别							
		二样	三样	四样	五样	六样	七样	八样	九样
博脊连砖	长				40.0	40.0	38.4	33.6	30.4
	宽				27.2	27.2	22.1	22.0	21.4
	高				13.0	8.0	7.7	7.4	7.0
承奉连	长	52.8	49.6	46.4	43.2		41.6	41.6	
	宽	24.3	24.0	23.7	23.4		14.4	14.4	
	高	11.2	10.6	9.9	8.3		8.0	8.0	
博脊承奉连	长			40.0	40.0	38.4	38.4	33.6	30.4
	宽			22.4	22.4	22.1	22.1	21.8	21.4
	高			12.8	12.8	8.0	8.0	7.6	7.0
挂尖	长	52.8	49.6	46.4	43.2	40.0	36.8	33.6	30.4
	宽	24.3	24.0	23.7	23.4	24.0	22.1	21.8	21.4
	高	11.2	10.6	9.9	8.3	8.0	7.7	7.4	7.0
博脊筒（博通脊）	长	89.6	83.2	76.8	70.4	56.0	46.4	33.6	32.0
	宽	32.0	29.0	27.2	24.0	21.4	21.0	19.2	17.6
	高	33.6	32.0	31.4	26.9	24.0	23.7	23.4	23.4
满面黄或满面绿	长	32.0	32.0	32.0	32.0	32.0	32.0	32.0	29.0
	宽	32.0	32.0	32.0	32.0	32.0	32.0	32.0	29.0
	高	4.8	4.8	4.8	4.8	4.8	4.1	4.1	3.8
蹬脊瓦	长	40.0	36.8	35.2	33.6	30.4	27.2	24.0	20.8
	宽	20.8	19.2	17.6	16.0	14.4	12.8	11.2	9.6
	高	10.4	9.6	8.8	8.0	7.2	6.4	5.6	4.8
博脊瓦	长	52.8	49.6	46.4	43.2	40.0	36.8	33.6	30.4
	宽	30.4	29.0	27.2	25.6	24.0	22.4	21.0	19.2
	高	5.1	4.8	4.5	4.1	3.8	3.5	3.2	2.9
勾头	长	43.2	41.0	36.8	35.2	32.0	30.4	29.0	27.2
	宽	20.8	19.2	17.6	16.0	14.4	12.8	11.2	9.6
	高	10.4	9.6	8.8	8.0	7.2	6.4	5.6	4.8
滴水（滴子）	长	43.2	41.6	40.0	38.4	35.2	32.0	30.4	29.0
	宽	35.2	32.0	30.4	27.2	24.0	22.4	21.0	19.2
	高	17.6	16.0	15.2	13.6	12.0	11.2	10.5	9.6
筒瓦	长	40.0	36.8	35.2	33.6	30.4	29.0	27.2	26.0
	宽	20.8	19.2	17.6	16.0	13.8	13.0	11.2	9.6
	高	10.4	9.6	8.8	8.0	6.9	6.5	5.6	4.8
板瓦	长	43.2	40.0	38.4	36.8	33.6	32.0	30.2	29.0
	宽	35.2	32.0	30.4	27.2	24.0	22.4	19.2	19.2
	高	8.8	8.0	7.6	6.8	6.0	5.6	4.8	4.8
合角吻	高	10.8	89.6	89.6	76.8	60.8	32.0	22.4	19.2
	宽								
	长	86.4	67.2	67.2	54.4	41.6	32.4	15.7	13.4

↘续表

构件名称	尺寸	样别							
		二样	三样	四样	五样	六样	七样	八样	九样
合角剑靶	长	30.4	30.4	24.0	22.4	19.2	9.6	6.4	5.4
	宽	6.1	5.8	5.5	5.1	4.8	4.5	4.2	3.9
	厚	2.1	2.0	19.2	17.6	1.6	1.6	1.28	1.0
博缝	高					58.0	51.0	45.0	
	宽					45.0	42.0	38.0	
	厚								
随山半混	长					45.0	42.0	38.0	
	宽					19.0	19.0	19.0	
	厚								
墀头（墀头砖）	长					38.0			
	宽					27.0			
	厚								
戗檐砖	高					58.0	58.0	38.0	
	宽					48.0	48.0	38.0	
	厚								
檐子砖	长								
	宽						38.0	38.0	
	厚						26.0	26.0	
满山红									
	宽							58.0	28.0
圆混条	长								27.0
披水	长					26.0	26.0		19.0
	宽					13.0	13.0		
线砖	长						38.0	38.0	
水沟	长						27.0	19.0	
	宽						27.0	19.0	

注：1. 上述表列数字引自清代嘉庆年间《钦定工部续增则例》一书，书中对常用的琉璃构件的规格、尺寸做了规定，这个规定的目的，当时是为了便于做工程概算之用。所以，有的构件的尺寸是概数，与清代留存下来的琉璃瓦兽的尺寸对照，有的尺寸差异很大。

2. 由于清代对琉璃瓦兽件的尺寸，做过多次修订，再加上各地区各窑户各有各的习惯做法和手工生产的误差，使琉璃构件的规格、尺寸很难统一，因此上述表中的数字仅做参考。

小瓦式作一般只用在硬山顶或悬山顶上，如果有正脊，可以做成清水脊或皮条脊。清水脊由混砖一层，瓦条两层、扣脊筒瓦一层构成，在正脊两端布置有花草纹样的饰砖（称“盘子”），其上起“鼻子”。皮条脊构造与清水脊大致相同，不用盘子，正脊两端不起鼻子，仅用一勾头收头（图 5-20）。小式屋顶的垂脊上不用走兽，只在相应的位置上放一陇筒瓦，以示与其他部分的区别（图 5-21）。

上面所述清代宫式瓦作，主要应用于北京，南方古建屋面铺瓦方式与此大致相同，但因地区不同，屋脊有许多不同的处理方式，读者可以参考其他资料，在此不再叙述了。

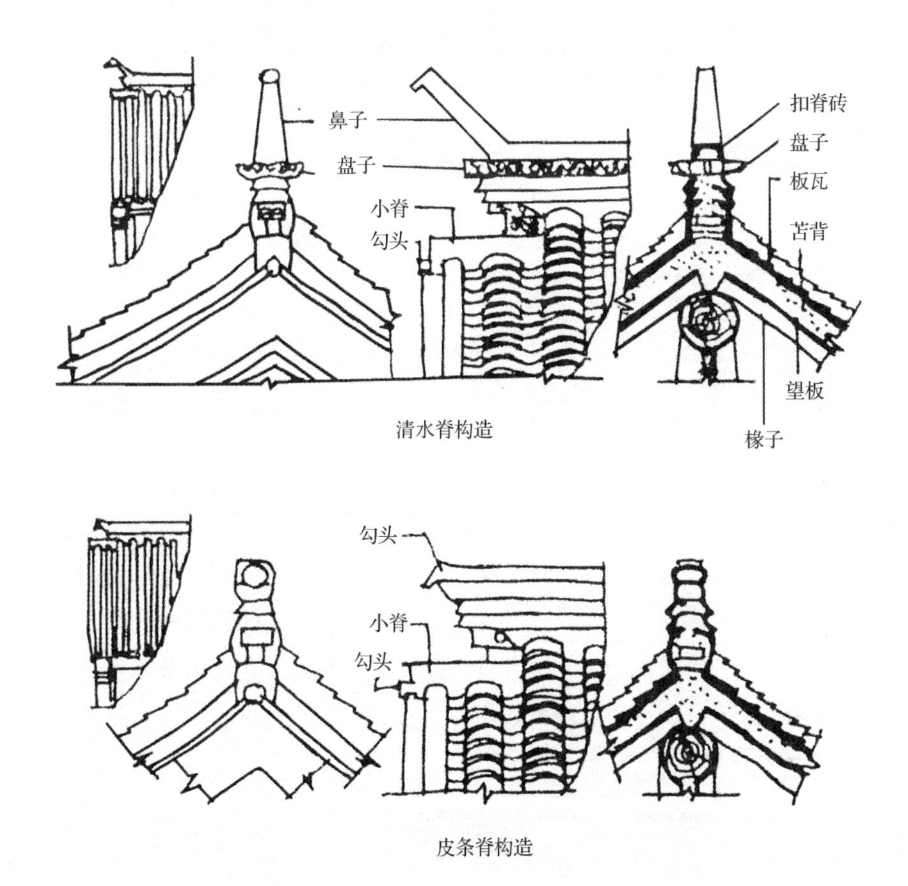

图 5-20　清水脊与皮条脊构造

图 5-21　小式屋顶形象

第三节
色彩与彩画简介

中国古典建筑的色彩，以其富丽堂皇著称于世。细究起来，我们便可发现其用色不仅极为大胆，并且十分严谨。北京故宫太和殿上的白色的石基，红色的屋身，黄色的屋顶，与蓝天、绿树及灰色的庭院地面相配合，极尽雄浑壮丽之能事，且建筑檐下以青绿为主，并在其间穿插金、黄、红等色，更使得各种色彩之间相互照应，生动成熟。

在木构架上使用色彩漆饰，不仅为了美观，而且有保护构架的作用。在奴隶社会和封建社会里，色彩还具有身份等级的指示作用，古代文献记载“楹，天子丹，诸侯黝垩，大夫苍，士黈”[1]，就表明了这一点。高级建筑的柱子用红色髹饰，是由来已久的做法，并且一直沿用到清代。

古典建筑不仅用单色来装点建筑，并且在木构件上画各种图案乃至人物故事。从汉代明器上看，建筑的外墙上常有满布的几何纹样，文献记载也表明，当时的宫殿建筑上有大量文饰，所谓“裛以藻绣，文以朱绿”（《西京赋》）。当然，这些使得建筑更为华美丰满的手法，不是什么建筑都可以使用的。

隋唐时高级建筑的色彩仍以红色为主调，建筑上往往施以图案。敦煌宋初石窟木廊上的彩画纹样大致可以反映当时的情况（图 5-22），其颜色以朱红、丹黄为主、中间穿插青绿。辽宁义县奉国寺大殿和山西大同下华严寺薄伽教藏殿上的辽代彩画，承袭唐代风格、在梁枋底部和天花上画有飞天、卷草、凤凰、网目纹等，是我们了解唐代彩画的重要实物资料。

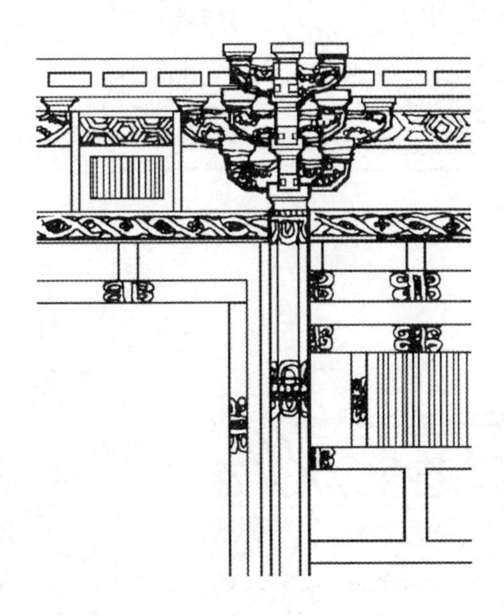

图 5-22　甘肃敦煌石窟木廊彩画

1. 元代李翀所撰的《日闻录》中写道：“《春秋》：丹桓宫楹，非礼也。在礼：楹，天子丹，诸侯黝垩，大夫苍，士黈。”

宋代彩画按照建筑等级的差别，有五彩遍装、青绿彩画和土朱刷饰三类。梁额彩画由“如意头”和“枋心”构成，宋代的如意头较明清的简洁，在梁枋上所占的比例也较小，这是在设计时给予注意的（图5-23）。宋代彩画中大量使用退晕和对晕的手法，使得彩画的色彩转换不至于刺目。在彩画中，人物故事和花鸟草虫等写生题材少了，这有利于设计和施工速度的提高（图5-24）。

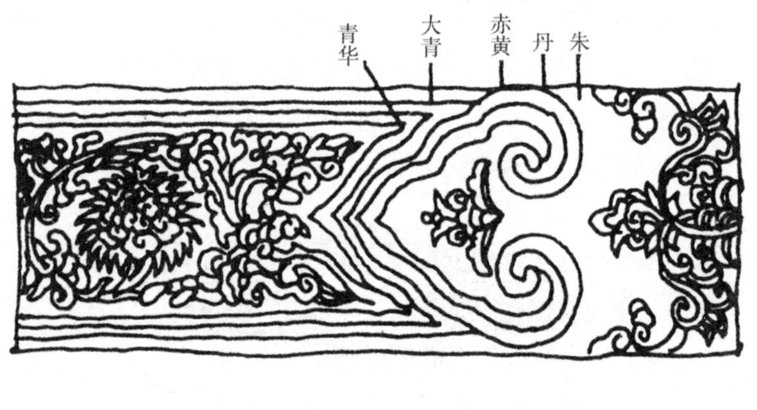

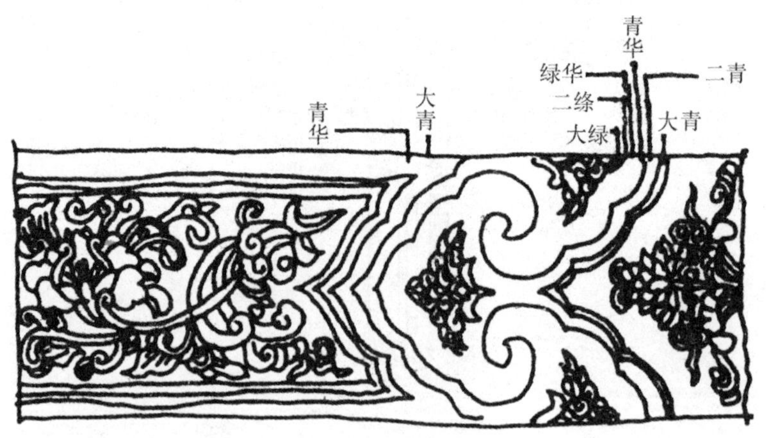

图5-23　宋式如意头举例

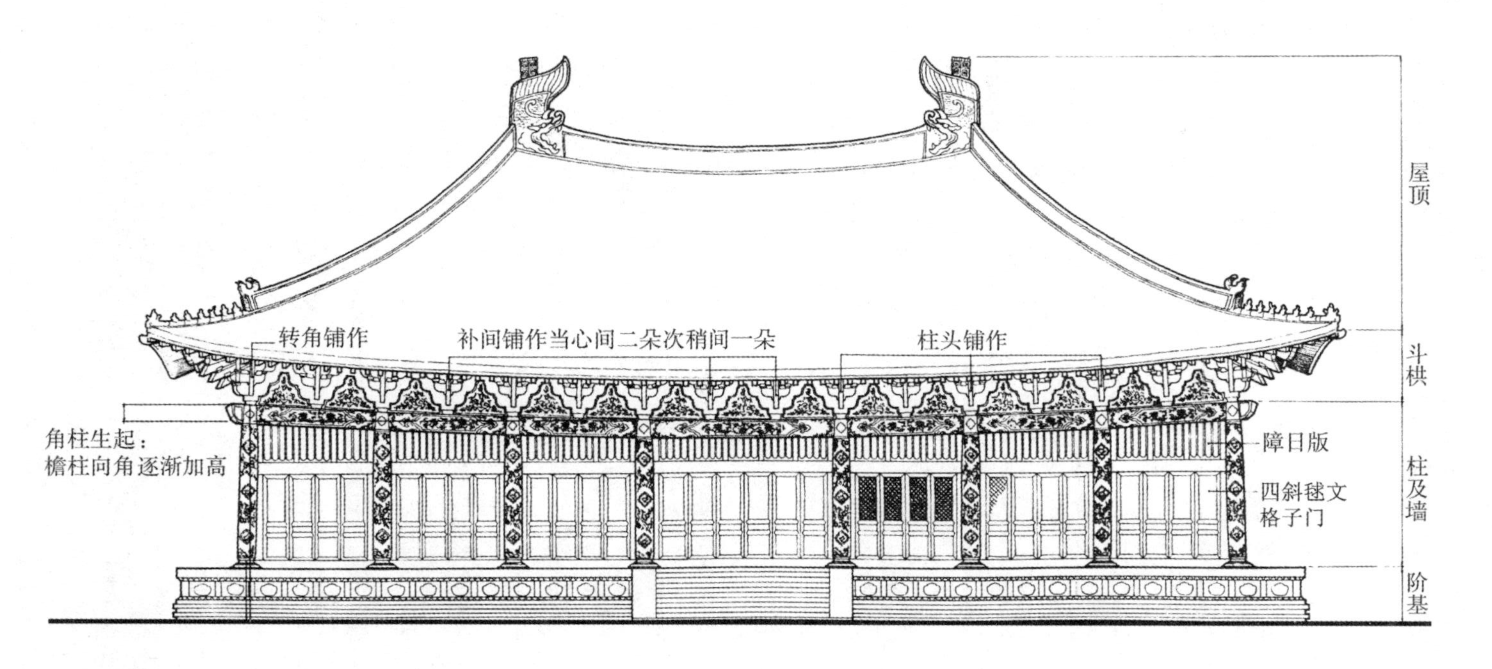

图 5-24　宋《营造法式》立面处理示意图

明清二代建筑的彩画，是在宋代彩画的基础上发展变化而成，在屋身部分，宫殿坛庙的墙壁、柱子多为红色，梁枋、斗栱、藻井上往往施以彩画，呈青绿色调。

梁枋上的彩画，一般有三种格式，即和玺彩画、旋子彩画和苏式彩画。各种彩画都有一定的格式，梁枋上的彩画一般分为三段，两端为箍头、藻头，中段为枋心。和玺彩画是彩画制度中等级最高的，箍头、藻头都用严整的“Σ”形线框住，其中布置各种形式的龙。旋子彩画等级次于和玺彩画，箍头和藻头的边框为“<”形，其中布置各种花纹图案。彩画因色彩配置不同，又可分为若干等级，一般说，色彩中金色所占比例大的，等级就高。旋子彩画中等级最低的仅用青、绿、黑、白四色。苏式彩画较为自由，题材也很丰富，多用在离宫别馆，枋心上用写实笔法作图，画题有花卉草虫、钟鼎器皿、仙人故事、山水等（图 5-25）。

斗栱的彩画比较简单；用颜色勾开边框，称为“线”，线内为底色，称为“地”，地上还可画上其他花色。

此外，天花板、垫板和椽头上也有各种格式的彩画。

前面说过，梁、枋、斗栱等上面的彩画以青绿色为基调，即使是这两种色彩的配置也颇有讲究。拿斗栱的配色来讲，一攒斗栱上若斗升用绿色，则栱、昂就用蓝色；若斗升用蓝色，栱昂就用绿色；一般柱头科用蓝色的斗升，平身科用绿色斗升。梁架上的色彩也是交替布置，箍头如以蓝色为底，枋心则用绿色为底，大额枋以蓝为底，小额枋则以绿为底，一般明间为上蓝下绿，次间上绿下蓝，稍间再上蓝下绿，尽间上绿下蓝。垫板往往以红色为底，将画有彩画的主导构件凸现出来（图 5-26）。

有关彩画部分的内容，还有许多，因有另书专门介绍，这里就不再多说了。

在皇宫上一律使用黄色琉璃瓦，是从明代开始的规矩。比黄色低一级的琉璃为绿色，蓝色和黑色琉璃瓦也有用的，但往往有特殊的象征意

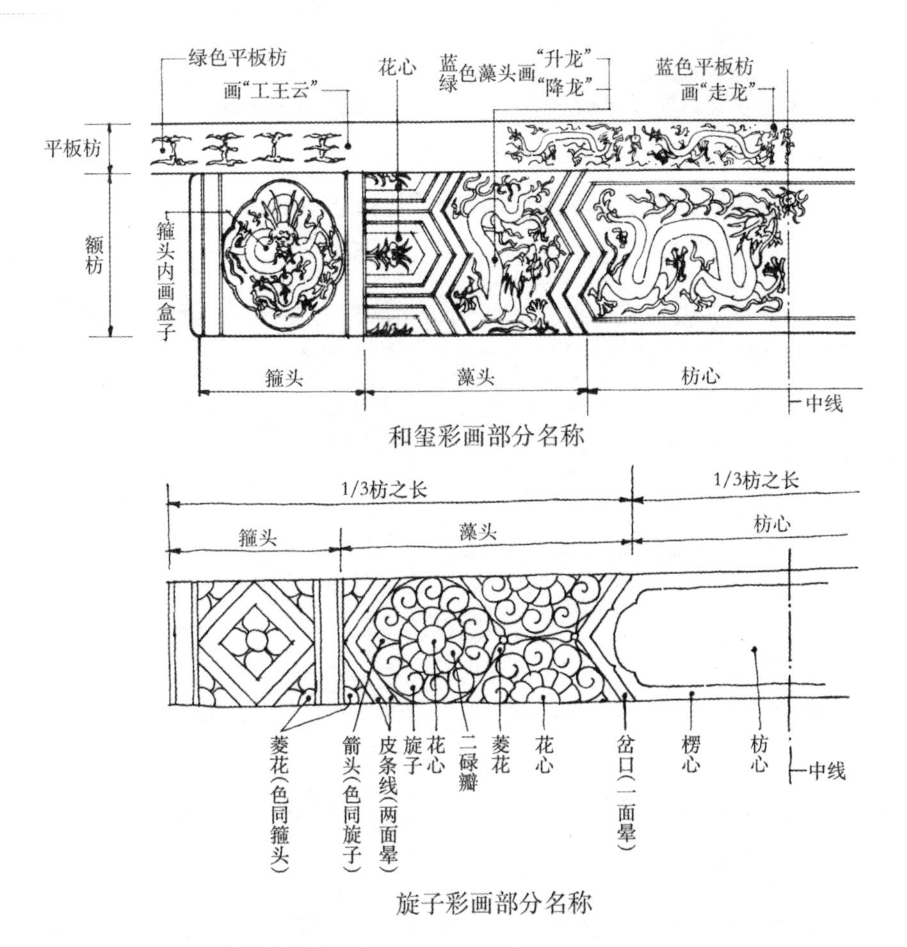

图 5-25　和玺彩画和旋子彩画部分名称

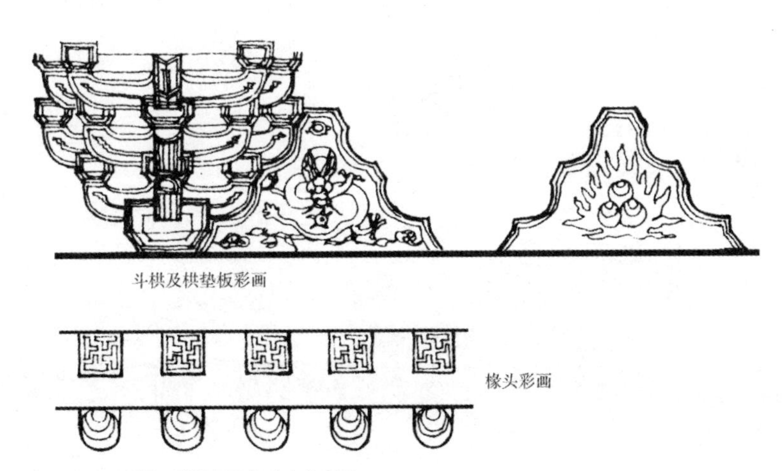

图 5-26　斗栱、栱垫板及椽头上的彩画

义或巫术意义，如天坛祈年殿屋顶用蓝色琉璃以象征至高无上的“天”，文渊阁用绿剪边黑琉璃象征水，以期具有厌胜的效用。

院落大门的色彩，最高级的可用红色，次级的及一般民居则可用黑色。

一般住宅的柱子、梁、枋等，可用褐色、深黄色、黑色、墨绿色或木材本色，室内的板壁等可用深红褐色。此外，在南方大木架上常用黑色的退光漆，并在柱头斗栱等处用金线描饰，其艺术效果十分素雅庄重。

附录 1

宋代木构建筑假想图
——檐部构架示意

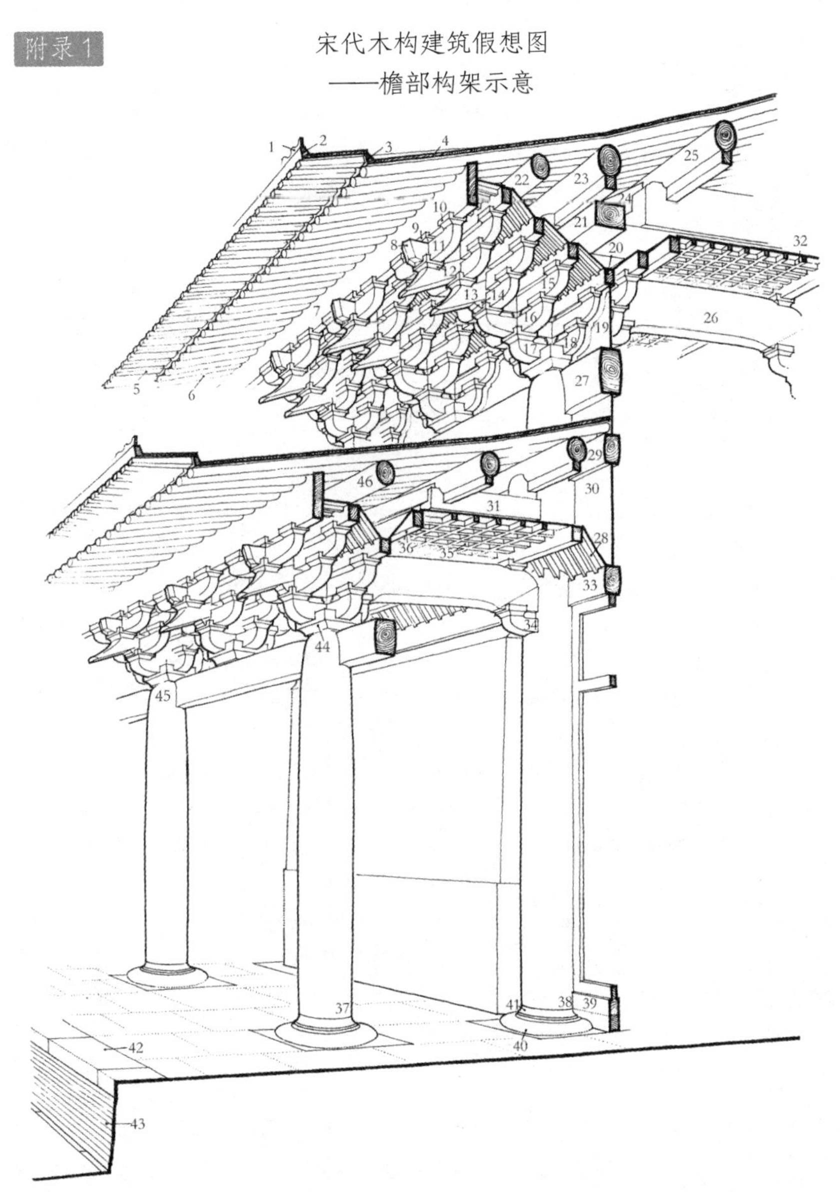

1. 燕颔板；2. 小连檐；3. 大连檐；4. 望板；5. 飞子；6. 檐椽；7. 撩檐方；8. 耍头；9. 齐心斗；10. 散斗；11. 令栱；12. 交互斗；13. 下昂；14. 华头子；15. 慢栱；16. 瓜子栱；17. 华栱；18. 泥道栱；19. 栱眼壁；20. 柱头方；21. 压槽方；22. 牛脊槫；23. 下平槫；24. 托脚；25. 中平槫；26. 乳栿；27. 阑额；28. 峻脚椽；29. 由额；30. 照壁板；31. 札牵；32. 平闇椽；33. 由额；34. 丁头栱；35. 平闇；36. 平綦方（算程方）；37. 副阶檐柱；38. 殿身檐柱；39. 地栿；40. 柱础；41. 柱櫍；42. 压阑石；43. 露稜；44. 栌斗；45. 柱项；46. 素方。

附录 2

宋代木构建筑假想图
——正立面图

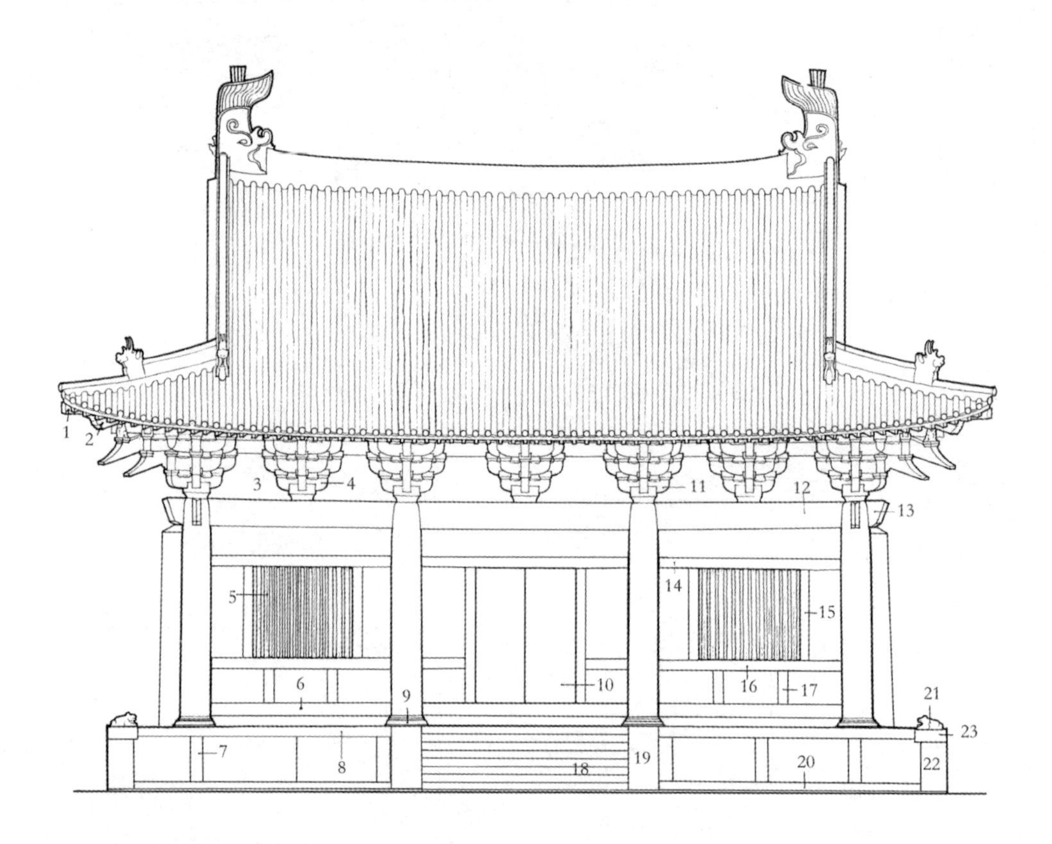

1. 大角架；2. 子角梁；3. 栱眼壁；4. 补间铺作；5. 直棂窗；6. 地栿；7. 格身板柱；8. 压阑石；9. 柱础；10. 板门；11. 柱头铺作；12. 阑额；13. 耍头；14. 额；15. 立颊；16. 腰串；17. 心柱；18. 踏道；19. 副子；20. 石地栿；21. 角兽；22. 角柱；23. 角石。

附录3

宋代木构建筑假想图
——侧立面图

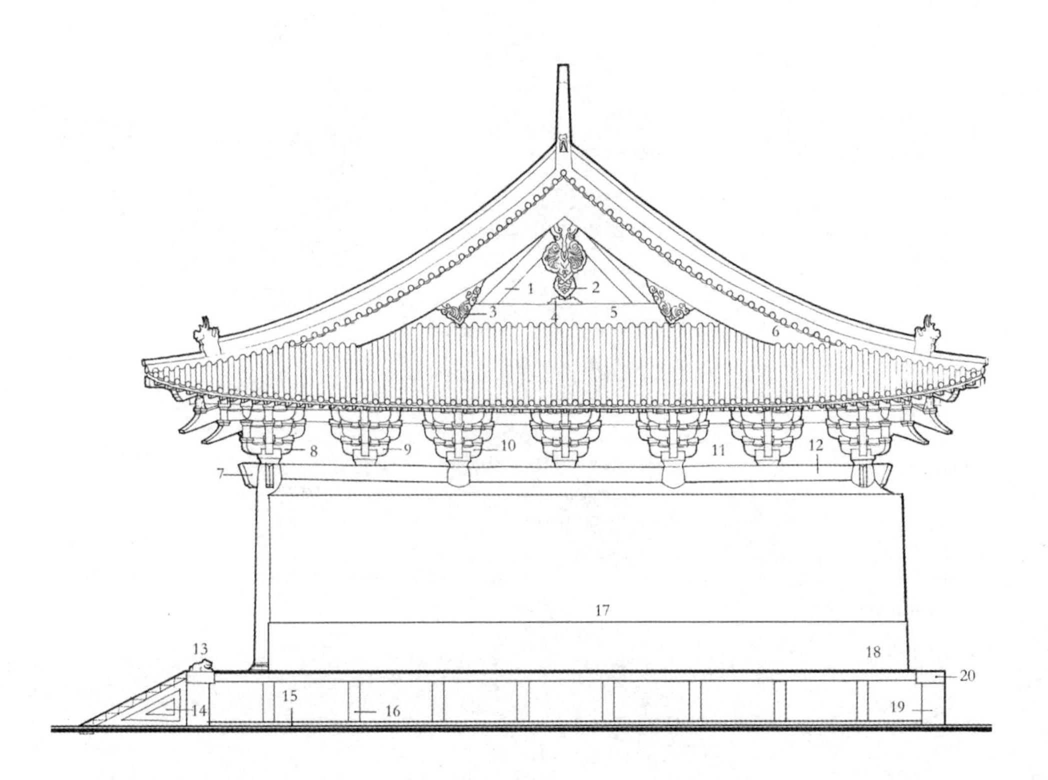

1. 托脚；2. 悬鱼；3. 惹草；4. 合楮；5. 平梁；6. 搏风板；7. 耍头；8. 转角铺作；9. 补间铺作；10. 柱头铺作；11. 栱眼壁；12. 阑额；13. 角兽；14. 象眼；15. 土衬石；16. 格身板柱；17. 夯土墙；18. 墙裙；19. 角柱石；20. 角石。

宋代木构建筑假想图
——屋顶构架示意

转过两椽

1. 叉手；2. 驼峰；3. 托脚；4. 矮柱；5. 平梁；6. 四椽栿；7. 六椽栿；8. 八椽栿；9. 襻间；10. 蜀柱；11. 脊槫；12. 上平槫；13. 大角梁；14. 中平槫；15. 下平槫；16. 生头木。

附录5

北京市故宫太和殿梁架结构示意图

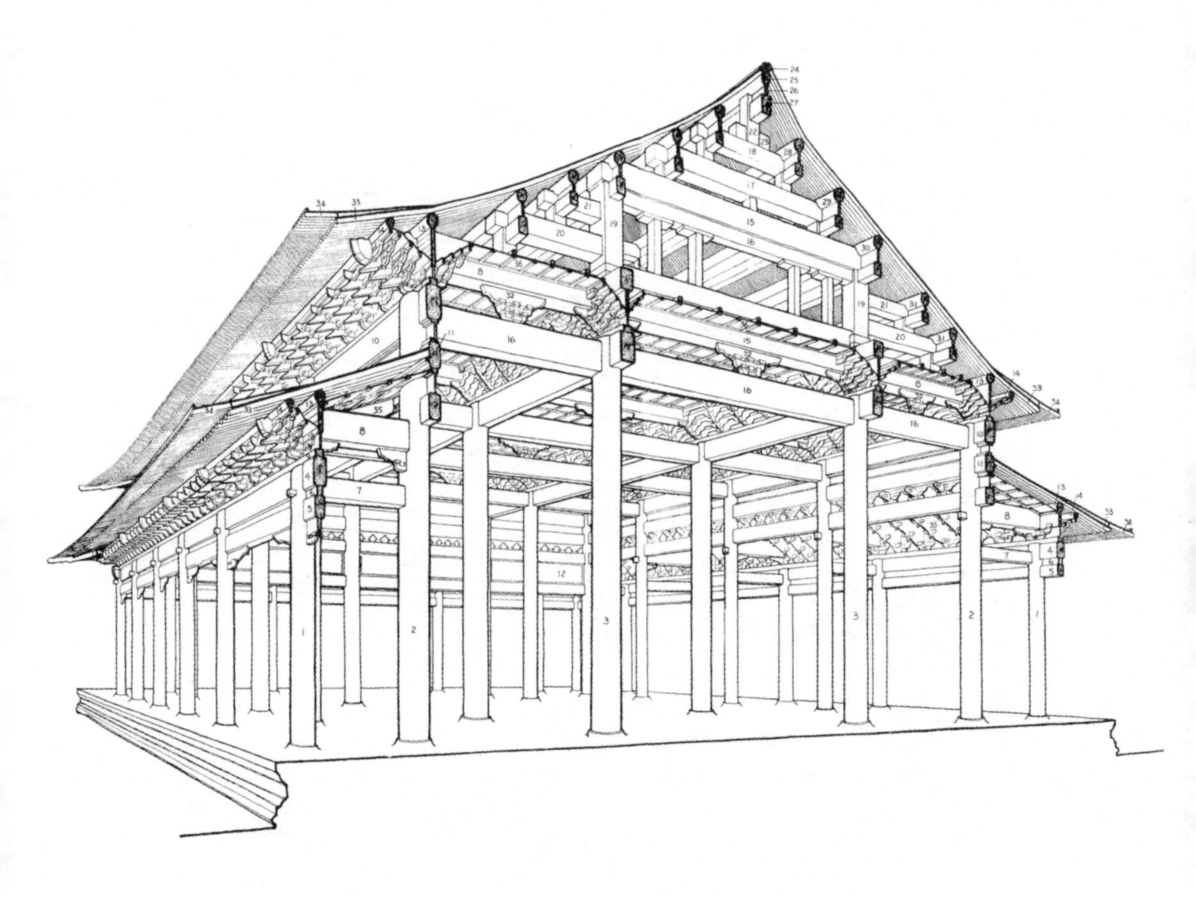

1. 檐柱；2. 老檐柱；3. 金柱；4. 大额枋；5. 小额枋；6. 由额垫板；7. 挑尖随梁；8. 挑尖梁；9. 平板枋；10. 上檐额枋；11. 博脊枋；12. 走马板；13. 正心桁；14. 挑檐桁；15. 七架梁；16. 随梁枋；17. 五架梁；18. 三架梁；19. 童柱；20. 双步梁；21. 单步梁；22. 雷公柱；23. 脊角柱；24. 扶脊木；25. 脊桁；26. 脊垫板；27. 脊枋；28. 上金桁；29. 中金桁；30. 下金桁；31. 金桁；32. 隔架科；33. 檐椽；34. 飞檐椽；35. 溜金斗栱；36. 井口天花。

附录6

材分°制等级及适用范围

等第	适用范围	材的尺寸（寸）	
		高	宽
一等材	殿身九至十一间用之；副阶、挟屋减殿身一等；廊屋减挟屋一等	9	6
二等材	殿身五至七间用之	8.25	5.5
三等材	殿身三至五间用之，厅堂七间用之	7.5	5
四等材	殿身三间，厅堂五间用之	7.2	4.8
五等材	殿身小三间，厅堂大三间用之	6.6	4.4
六等材	亭榭或小厅堂用之	6	4
七等材	小殿亭榭等用之	5.25	3.5
八等材	殿内藻井，或小亭榭施铺作多者用之	4.5	3

注：表中的寸，均为宋营造寸。

附录7

斗口制等级及适用范围

等第	适用范围	斗口的尺寸（寸）	
		高	宽
一等斗口	未见实例	8.5	6
二等斗口	未见实例	7.7	5.5
三等斗口	未见实例	7	5
四等斗口	用于城楼	6.3	4.5
五等斗口	用于大殿	5.6	4
六等斗口	用于大殿	4.9	3.5
七等斗口	用于小建筑	4.2	3
八等斗口	用于垂花门、亭	3.5	2.5
九等斗口	用于垂花门、亭	2.8	2
十等斗口	用于藻井、装修	2.1	1.5
十一等斗口	用于藻井、装修	1.4	1

注：表中的寸，均为清营造寸。

图表目录

第一章　绪论

第二章　台基的做法

第三章　屋身的建造

编号	图　　题	资料来源
图 3-1	殿堂建筑柱子布局的四种形式	作者自绘
图 3-2	厅堂建筑的 18 种构架形式示意	根据〔宋〕李诫《营造法式》改绘
图 3-3	清式建筑的檩数分配数	根据梁思成《清式营造则例》改绘
图 3-4	宋式圆柱卷杀方式	根据刘敦桢《中国古代建筑史》改绘
图 3-5	宋代木櫍的做法	根据梁思成《〈营造法式〉注释》改绘
图 3-6	宋代阑额及其端头的处理	根据梁思成《〈营造法式〉注释》改绘
图 3-7	中国古代建筑斗栱组合（清式五踩单翘单昂）	根据刘敦桢《中国古代建筑史》改绘
图 3-8	宋式斗栱举例	根据梁思成《〈营造法式〉注释》改绘
图 3-9	单栱与重栱	根据梁思成《〈营造法式〉注释》改绘
图 3-10	清式斗栱出踩图	根据梁思成《清式营造则例》改绘
图 3-11	宋式造斗之制	根据梁思成《〈营造法式〉注释》改绘
图 3-12	宋式造栱之制	根据梁思成《〈营造法式〉注释》改绘
图 3-13	宋式的琴面昂和批竹昂	根据梁思成《〈营造法式〉注释》改绘
图 3-14	造耍头之制	根据梁思成《〈营造法式〉注释》改绘
图 3-15	宋式斗栱中各部件的位置	根据梁思成《〈营造法式〉注释》改绘
图 3-16	清式的斗和栱	根据梁思成《清式营造则例》改绘
图 3-17	溜金斗栱	根据梁思成《清式营造则例》改绘
图 3-18	清式斗栱中的翘和昂	根据梁思成《清式营造则例》改绘
图 3-19	清式柱头科斗栱	根据梁思成《清式营造则例》改绘
图 3-20	清式平身科斗栱	根据梁思成《清式营造则例》改绘
图 3-21	清式角科斗栱	根据梁思成《清式营造则例》改绘
图 3-22	汉代的斗栱	刘敦桢《中国古代建筑史》
图 3-23	几种不同的墙体	刘致平《中国建筑类型及结构》
图 3-24	清式檐墙构造	根据梁思成《清式营造则例》改绘
图 3-25	五花山墙	作者自绘
图 3-26	清式硬山山墙构造	根据梁思成《清式营造则例》改绘
图 3-27	清式板门	根据梁思成《清式营造则例》改绘
图 3-28	清式格扇门	根据梁思成《清式营造则例》改绘
图 3-29	直棂和破子棂格心示意	作者自绘
图 3-30	窗棂式样举例	根据刘致平《中国建筑类型及结构》改绘

↘续表

编号	图　题	资料来源
图 3-31	清式支摘窗及格扇门	根据梁思成《清式营造则例》改绘
图 3-32	内檐装修数例	根据刘致平《中国建筑类型及结构》改绘
图 3-33	宋式平棊	根据刘致平《中国建筑类型及结构》改绘
图 3-34	平闇	根据梁思成《〈营造法式〉注释》改绘
图 3-35	清式天花	根据刘致平《中国建筑类型及结构》改绘
图 3-36	早期藻井式样	刘敦桢《中国古代建筑史》
图 3-37	各种花样的藻井	根据刘敦桢《中国古代建筑史》改绘

第四章　屋顶的构造

编号	图题、表题	资料来源
图 4-1	中国古代建筑的各种屋顶形式	根据刘敦桢《中国古代建筑史》改绘
表 4-1	月梁形制表	梁思成《〈营造法式〉注释》
表 4-2	月梁材分°及尺寸表	梁思成《〈营造法式〉注释》
图 4-2	造月梁之制	根据梁思成《〈营造法式〉注释》改绘
图 4-3	驼峰样式举例	根据梁思成《〈营造法式〉注释》改绘
图 4-4	蜀柱与合楷	根据梁思成《〈营造法式〉注释》改绘
图 4-5	生头木与襻间	根据梁思成《〈营造法式〉注释》改绘
图 4-6	宋式造檐之制	根据梁思成《〈营造法式〉注释》改绘
图 4-7	交斜解造和结角解开	根据梁思成《〈营造法式〉注释》改绘
图 4-8	清式屋顶构件及位置	根据梁思成《清式营造则例》改绘
图 4-9	宋代举折之制	根据梁思成《〈营造法式〉注释》改绘
图 4-10	清代举架之制	根据梁思成《清式营造则例》改绘
图 4-11	宋式搏风板	根据梁思成《清式营造则例》改绘
图 4-12	清式搏风板	根据刘致平《中国建筑类型及结构》改绘
图 4-13	厦两头造构造举例	A 根据梁思成《〈营造法式〉注释》改绘； B 来自莫宗江《涞源阁院寺文殊殿》
图 4-14	歇山顶构架	根据梁思成《清式营造则例》改绘
图 4-15	四阿顶构造举例	根据梁思成《〈营造法式〉注释》改绘
图 4-16	脊槫增长	根据梁思成《〈营造法式〉注释》改绘
图 4-17	用抹角栿构成四阿顶	根据梁思成《〈营造法式〉注释》改绘

↘续表

编号	图题、表题	资料来源
图 4-18	清式庑殿顶构架	根据梁思成《清式营造则例》改绘
图 4-19	庑殿顶推山法	根据梁思成《清式营造则例》改绘
图 4-20	四角攒尖顶构架示意	作者自绘
图 4-21	造角梁之制	根据梁思成《〈营造法式〉注释》改绘
图 4-22	清代翼角檐结构图	根据梁思成《清式营造则例》改绘
图 4-23	清代平飞头的几种样式	朱光亚《清官式建筑中的屋身起翘值》
图 4-24	一组翘飞的简明变化图	张静娴《飞檐翼角：下》
图 4-25	翘飞头部断面变化图解	张静娴《飞檐翼角：下》
图 4-26	水戗发戗构造及建筑外观	作者自绘
图 4-27	嫩戗发戗构造	根据姚承祖《营造法原》改绘
图 4-28	圆形、八角形等屋顶构造示意	根据马炳坚《中国古建筑木作营造技术》附图自绘

第五章　榫卯·瓦作·色彩与彩画简介

编号	图题、表题	资料来源
图 5-1	浙江余姚河姆渡村遗址房屋榫卯	《中国建筑史》编写组《中国建筑史》
图 5-2	战国木构榫卯	根据刘敦桢《中国古代建筑史》改绘
图 5-3	燕尾榫	根据梁思成《〈营造法式〉注释》和马炳坚《中国古建筑木作营造技术》改绘
图 5-4	勾头搭掌	根据梁思成《〈营造法式〉注释》改绘
图 5-5	卡腰与刻半榫	马炳坚《中国古建筑木作营造技术》
图 5-6	山面压檐面（角柱榫卯示意）	马炳坚《中国古建筑木作营造技术》
图 5-7	燕尾榫与透榫举例	根据〔宋〕李诫《营造法式》和马炳坚《中国古建筑木作营造技术》改绘
图 5-8	桁椀、刻榫与压掌榫	根据马炳坚《中国古建筑木作营造技术》改绘
图 5-9	管脚榫和套顶榫	根据马炳坚《中国古建筑木作营造技术》改绘
图 5-10	板材间的拼接	根据马炳坚《中国古建筑木作营造技术》改绘
图 5-11	暗梢使用举例	根据马炳坚《中国古建筑木作营造技术》改绘
图 5-12	宋式合柱之法举例	根据〔宋〕李诫《营造法式》改绘
图 5-13	榫卯做法举例	根据马炳坚《中国古建筑木作营造技术》改绘

↘ 续表

编号	图题、表题	资料来源
图 5-14	各种瓦当	根据刘敦桢《中国古代建筑史》改绘
图 5-15	隋唐屋顶装饰	根据刘敦桢《中国古代建筑史》改绘
图 5-16	宋辽屋顶装饰	根据刘敦桢《中国古代建筑史》改绘
图 5-17	清式仙人与走兽	李全庆、刘建业编著《中国古建筑琉璃技术》
图 5-18	清式庑殿顶大式瓦作	根据梁思成《清式营造则例》改绘
图 5-19	清式歇山顶大式瓦作	根据梁思成《清式营造则例》改绘
表 5-1	常用琉璃构件规格尺寸参数表	《钦定工部续增则例》
图 5-20	清水脊与皮条脊构造	刘致平《中国建筑类型及结构》
图 5-21	小式屋顶形象	作者自绘
图 5-22	甘肃敦煌石窟木廊彩画	根据刘敦桢《中国古代建筑史》附图自绘
图 5-23	宋《营造法式》立面处理示意图	根据刘敦桢《中国古代建筑史》改绘
图 5-24	宋式如意头举例	根据〔宋〕李诫《营造法式》改绘
图 5-25	和玺彩画和旋子彩画部分名称	根据梁思成《清式营造则例》改绘
图 5-26	斗栱、栱垫板及椽头上的彩画	根据梁思成《清式营造则例》自绘

附录

编号	图题、表题	资料来源
附录 1	宋代木构建筑假想图——檐部构架示意	根据梁思成《〈营造法式〉注释》改绘
附录 2	宋代木构建筑假想图——正立面图	梁思成《〈营造法式〉注释》
附录 3	宋代木构建筑假想图——侧立面图	梁思成《〈营造法式〉注释》
附录 4	宋代木构建筑假想图——屋顶构架示意	根据梁思成《〈营造法式〉注释》改绘
附录 5	北京市故宫太和殿梁架结构示意图	刘敦桢《中国古代建筑史》
附录 6	材分°制等级及适用范围	梁思成《〈营造法式〉注释》
附录 7	斗口制等级及适用范围	《中国建筑史》编写组《中国建筑史》

主要参考文献

1. 李诫. 营造法式 [M].
2. 清工部. 工程做法则例 [M].
3. 刘敦桢. 中国古代建筑史 [M]. 北京：中国建筑工业出版社，1980.
4. 梁思成. 清式营造则例 [M]. 北京：中国建筑工业出版社，1981.
5. 梁思成. 《营造法式》注释：卷上 [M]. 北京：中国建筑工业出版社，1987.
6. 刘致平. 中国建筑类型及结构 [M]. 新1版. 北京：中国建筑工业出版社，1987.
7. 《中国建筑史》编写组. 中国建筑史 [M]. 2版. 北京：中国建筑工业出版社，1986.
8. 陈明达. 营造法式大木作研究：上集 [M]. 北京：文物出版社，1981.
9. 陈明达. 营造法式大木作研究：下集 [M]. 北京：文物出版社，1981.
10. 李全庆，刘建业. 中国古建筑琉璃技术 [M]. 北京：中国建筑工业出版社，1987.
11. 张静娴. 飞檐翼角：上 [G] // 建筑史论文集：第三辑. 北京：清华大学出版社，1979：72-92.
12. 张静娴. 飞檐翼角：下 [G] // 建筑史论文集：第四辑. 北京：清华大学出版社，1980：67-84.
13. 徐伯安. 《营造法式》斗栱型制解疑、探微 [G] // 建筑史论文集：第七辑. 北京：清华大学出版社，1985：1-34.
14. 徐伯安，郭黛姮. 宋《营造法式》术语汇释 [G] // 建筑史论文集：第六辑. 北京：清华大学出版社，1984：1-79.
15. 吕舟. 《工程做法则例》研究 [G] // 建筑史论文集：第十辑. 北京：清华大学出版社，1988：57-67.
16. 朱光亚. 探索江南明代大木作法的演进 [J]. 南京工学院学报：建筑学专刊，1983（2）：100-118.
17. 朱光亚. 清官式建筑中的屋身起翘值 [J]. 南京工学院学报：建筑学专集，1987（5）：69-74.
18. 潘谷西. 《营造法式》初探（一）[J]. 南京工学院学报，1980（4）：35.
19. 潘谷西. 《营造法式》初探（二）[J]. 南京工学院学报：建筑学专刊，1981（2）：43.
20. 马炳坚. 中国古建筑木作营造技术 [M]. 北京：科学出版社，1991.
21. 姚承祖. 营造法原 [M]. 张至刚，增编. 北京：中国建筑工业出版社，1986.
22. 莫宗江. 涞源阁院寺文殊殿 [J]. 建筑史论文集，1979（2）：51-71.

后 记

这本书是当年读书时在喻维国先生指导下完成的“作业”，转眼间30多年过去了。现在，喻先生已经往生，这本书也就成了我怀念喻先生的依凭。

本书初版于1993年，是中国古建筑知识丛书中的一种，原名《中国木构建筑营造技术》。本次再版定名为《极简中国木构建筑营造技术》。

原书中的附图大多是编者根据当时的资料手绘，因为出版环境的不同，未对图片资料的来源等进行详细标注。为了适应新的出版要求，现在对书中的附图重新绘制，尽量引用更清晰的版本并注明来源。此外，还将原书中的错字、漏字、语句不通畅之处等进行了修改。虽然又做了一些工作，但难免会有疏漏之处，还望方家批评指正。

借此再版机会，向书中引用文献、附图的原作者表示感谢，这本书正是以这些学者、专家的研究成果为基础的。特别感谢范沛沛，他为这本书的出版付出了诸多努力。也要感谢万君、王宇轩，他们承担了书稿的文字输入，新版附图的资料搜集、绘制，以及校对等工作。还要感谢清华大学出版社的徐颖主任、张阳编辑和其他工作人员，是他们让这本书能在27年后再版。

编著者

2020年10月